城市儿童游乐空间与游玩意象：演变、路径及机制

秦晴 著

華中科技大學出版社
http://press.hust.edu.cn
中国·武汉

图书在版编目（CIP）数据

城市儿童游乐空间与游玩意象：演变、路径及机制 / 秦晴著. -- 武汉：华中科技大学出版社, 2024. 12. --ISBN 978-7-5772-0240-2

Ⅰ. TU242.4

中国国家版本馆CIP数据核字第202492XN10号

城市儿童游乐空间与游玩意象：演变、路径及机制 秦 晴 著

Chengshi Ertong Youle Kongjian yu Youwan Yixiang：Yanbian、Lujing ji Jizhi

出版发行：华中科技大学出版社（中国·武汉） 电话：（027）81321913

武汉市东湖新技术开发区华工科技园 邮编：430223

责任编辑：赵 萌 美术编辑：张 靖

责任校对：赵 萌 责任监印：朱 玢

印 刷：武汉科源印刷设计有限公司

开 本：880 mm × 1230 mm 1/32

印 张：8.5

字 数：150千字

版 次：2024年12月 第1版 第1次印刷

定 价：68.00元

华中出版

投稿邮箱：heq@hustp.com

本书若有印装质量问题，请向出版社营销中心调换

全国免费服务热线：400-6679-118 竭诚为您服务

内容简介

本书共分为七个章节，以同样处于高龄少子化社会的日本为例，探讨了其城市儿童游乐空间的发展历程、游玩意象的演变机制以及多世代共享游乐空间的优化路径，分析了儿童游乐空间的演变、游玩意象的构建，以及未来的发展策略，以期为我国儿童友好城市与社区的建设提供理论依据和实践指导。

本书以儿童为本，关注城市儿童游乐空间的发展，探讨城市游乐空间与游玩意象的演变、机制与路径，以期为风景园林师、城市规划者、设计师、政策制定者和研究者提供参考。

目　录

1

绪论

插图 何雨露

1.1 研究背景

1. 为应对低生育率，以“多世代”为抓手，促进儿童友好城市建设

2021 年 3 月，《中华人民共和国国民经济和社会发展第十四个五年规划和 2035 年远景目标纲要》被表决通过，儿童友好城市建设被正式写进国家发展规划。国家提出开展 100 个儿童友好城市建设试点，加强校外活动场所、社区儿童之家建设和公共空间适儿化改造，完善儿童公共服务设施；并且重点关注“一老一小”。同年 9 月，国家发展改革委等 23 部门印发《关于推进儿童友好城市建设的指导意见》，旨在以儿童友好城市建设，促进广大儿童身心健康成长，推动儿童事业高质量发展融入经济社会发展全局，让儿童友好成为全社会的共同理念、行动、责任和事业。城市儿童游乐空间不仅是服务儿童健康成长、关系城市居民福祉的重要公共基础设施，更是实现公园城市的重要一环。由于城市形态紧缩、快速城市化建设，

城市公共游乐场所减少，儿童与自然的关系不断被割裂。城市儿童游乐空间存在贫乏化、碎片化、分散化问题，亟须解决；为解决儿童游乐机会匮乏与游乐空间分散化问题，明确游玩需求与游乐空间类型就成为规划活动设施中重要的配置因素和环节。

近年来，随着“多孩政策”的提出和养老问题的凸显，城市中的家庭结构正逐渐从核心家庭向多世代家庭发生转变。因而，既有的针对儿童与父母互动所做的城市规划已不能满足儿童、年轻人和老年人间互动的需求。此外，在我国快速城镇化发展的促进下，城市居民对儿童“游乐空间”的认知逐渐从划定场地内的游憩向基于儿童视角的共享游乐发生转变（图 1.1）。因此，如何在多世代的背景下，明确儿童需求，识别游乐类型，并构建游乐解释理论，从而优化空间设计，提升共享体验，也成为进一步促进城市发展和提升社会民生的关键所在。其不仅有利于促进儿童身心健康发展，培养亲子关系，提升邻里和谐，优化社区治理，还呼应“十四五”规划所提出的儿童友好城市建设。

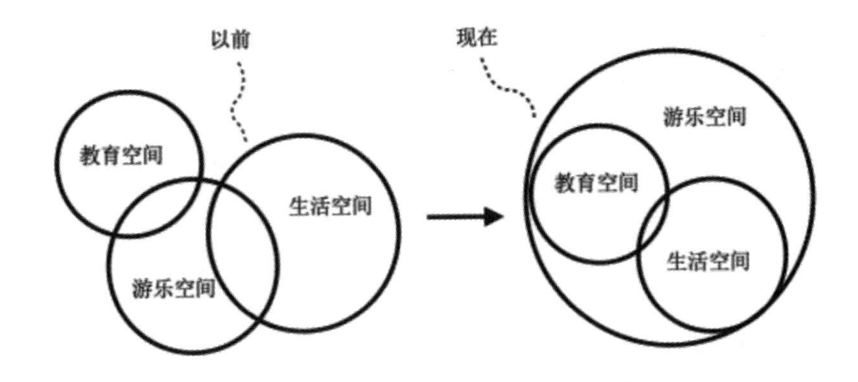

图 1.1 多世代背景下城市居民对儿童“游乐空间”的认知变化

2. 通过“游玩意象”这一新概念，构建具有中国特色的多世代共享游乐理论研究，促进优化与提升游乐空间实践

日本、北欧等对儿童游乐研究成熟的国家和地区都曾产生过城市公共空间与儿童游玩需求的矛盾，所形成的符合这些国家或地区实情与社会发展的城市游乐空间理论体系，随后促进了儿童的景观认知与评估、儿童友好城市营建、社区自然教育、多世代交流、乡村振兴中儿童游乐作用等与社会发展相呼应的学术研究。学者们指出，随着游玩空间的各类空间特征的变化，游玩方式也发生了变化。而我国在20世纪50年代就有学者开始关注儿童与空间的关系，但由于历史原因，直至改革开放以后才开始有相对较好的发展环境。该领域相关学术研究起步较晚，游乐场规划与设计实践先行，游玩方式与游乐空间互动机制与时空演变尚未有系统的理论支撑。实际上，游玩方式与游乐空间都在相互影响与变化，且具有时代变化性；它们之间互有因果联系，不可被割裂看待。因此，通过聚焦游玩方式与游乐空间的相互影响与变化，明晰时代发展影响下的游玩变化规律，从而优化城市共享的游乐空间，是改善城市共享游玩环境的

当务之急，是推动城市多样化空间建设的有效途径。

本书关注时代的变化性，调查儿童游玩偏好，对日本城市的各类共享游乐空间进行识别与优化研究，提出“游玩意象”这一新概念来描述与量化游玩方式与游乐空间的相互关系（即时代发展影响下游玩意象的时空演变规律），并形成“可玩性”游乐空间解释理论，从而建构多世代共享的儿童游乐空间机制，从整体布局方面积极配置、整合、利用城市共享的游乐空间。

1.2 研究目的

1. 丰富游乐空间优化理论与实践内涵，积极配置、整合、利用城市共享的游乐空间，并从规划与空间配置层面建立生育支持体系、营造母婴游玩舒适的空间环境

日本在游乐系统理论方面深耕多年，处于国际领先地位，还翻译出版了多国经典的游乐类相关书籍。与此同时，日本还对欧美的经典研究学习消化，形成了适用于亚洲思维模式的学术体系。更重要的是，日本经济发展放缓以来，家庭结构趋向于小的核心家庭，全职家庭主妇减少，越来越多的女性选择投身事业；同时城市形态越发紧缩，社区数量减少，这些变化都影响着儿童游玩环境等。日本和中国具有相似的地域背景、类似的社会发展结构，都同样面临着高龄少子化及游乐空间匮乏化、分散化等社会问题。日本的相关研究对亚洲的其他国家，特别是中国有着极有价值的借鉴作用。

对高速发展的新型城镇化背景下具有我国特色的老幼同养、隔代儿童抚养等亟须面对的社会热点问题进行梳理与分析，从整体布局方面为游玩类型优化、空间环境优化等提供重要参考、依据和指导，从而积极配置、整合、利用城市共享的游乐空间，最终提出适应我国发展的、可玩性视角下的城市共享游乐空间优化理论的构建基础与实践策略建议。这么做的目的是解决城市儿童游乐空间匮乏化、碎片化、分散化问题，并呼应“十四五”规划所提出的儿童友好城市建设。立足地域性基础研究，提出适应我国发展、多世代共享游乐空间环境优化理论的构建基础与实践策略建议；从规划与空间配置层面建立生育支持体系、营造母婴游玩舒适的空间环境，从而破解“不想生、不愿生、不敢生”难题。

2. 以地域认知和重构归属感为理念，增强游玩意象氛围的城市特色空间营造

通过对现有的儿童游乐空间类型，以及回忆中的儿时游乐空间的景观特性进行提取与分析，完善几代人儿时的游玩认知图谱，有助于研究城市中居民的景观意识形成与景观认知方式。景观是人们生产生活与土地等自然环境之间相互作用、日积月累的产物；景观是地域个性的重要体现，是一种“地域资源”。以此为前提，地域独有的个性景观与日常生活密不可分，承载着人们童年的美好回忆；记录了人们共同经过的历史变迁，并能够促进居民之间的沟通与交流，发挥着维系当地居民交流活动的纽带作用。因此，审视集体共有的地域景观，能够使当地居民重新认识身边习以为常的风景，加强对所在地域的理解。而管理与维护地域独有的个性景观，能够提高居民对地域的归属感，发挥重构地域交流的功能。

随着儿童友好城市概念被引入中国，2016年深圳市率先开始建设实施。2019年武汉启动了中国首个《儿童户外游憩场地设计导则》的制定工作，并推进共享空间——口袋公园的建设。我国已开展的研究主要围绕北京、上海、广州、长沙、成都等城市展开，但有关游乐空间的理论架构的研究仍然匮乏。随着我国各个城市出台落户等政策吸引人才，居民公共空间特别是游乐空间问题越来越得到重视，这些都急需一系列科学研究成果来支撑其设计实践。因此基于儿童共享游乐的特色视角对城市可玩性、游玩意象等进行价值提取研究与解释理论构筑，有助于挖掘城市儿童游乐空间布局的特征和时代变化规律，进而为“以人为本”地域性城市特色空间的营造与优化而服务。

1.3 核心概念阐述

①多世代（multi-generation）。从基于年龄对空间适用人群进行分类的社会角色，将人们分为童年、成年、老年三类。这一概念最初由日本学者为解决家庭结构问题，促进代际交流而提出，已进行了各类基础研究及多世代住宅等相关项目的开发实践。另有异世代、代际等词来描述世代之间的相互影响与变化。本书则强调包括儿童群体在内的各个世代，研究同时段利用或不同时段利用城市共享的游乐空间，对地域共生的影响。

②游玩意象（play-image）。游玩意象用以描述游玩方式与游乐空间的相互关系。为儿童营造合适的游乐空间需要考量不同年龄、性别、教育背景下儿童游玩喜好与行为倾向；游乐空间特征与景观要素的不同也会影响游玩形态，引发不同的游玩方式。游玩方式与游乐空间互有影响与改变，且不可割裂看待，因此本书将两者之间相互关系所构建出的综合概念与氛围定义为游玩意象。

③共享的游乐空间（shared play space）。共享的游乐空间即游玩行为发生的抽象空间，用以分析其空间形态特征及景观要素构成等，包含游乐场、公园中儿童游乐区等既定划分的儿童游玩区域；也包含社区、街道、商业区域等儿童游玩行为存在的、与他人共享的其他城市空间。其他相关论文中另有游戏空间、游憩空间、游玩空间等词描述儿童专有的游乐空间类型，本书强调儿童与多世代共享的游乐空间。

④可玩性（playability）。可玩性即从儿童空间需求视角探索、构筑与营造城市空间的可玩性。广义上常指攀爬触摸类、器械类、电子游戏等的游戏性。本书将其定义为描述城市儿童游乐空间的多样性、丰富性、自然性、持续性、趣味性、有魅力等景观特征，强调以儿童视角为儿童营造他们所喜爱的空间环境。

⑤游玩方式（play style）。游玩方式即儿童“游”与“玩”的行为所产生的方式方法，用以描述儿童的游玩形态；包含游玩内容、游玩种类、游玩性质、游玩类型等。本书将儿童在玩耍过程中自发引起的一切行为模式，如行动、逗留、动静态玩耍等，全部定义为

游玩方式。

⑥游乐场所（playground）。游乐场所指具象的可供儿童游玩的场所，如游乐场、主题公园、城市绿道的儿童游乐区域等。

⑦游乐空间（play space）。游乐空间即儿童的游玩行为发生的抽象空间，用以分析其空间形态特征及景观要素构成等。相关研究中另有游戏空间、游憩空间、游玩空间等词描述城市空间类型。学术界对于此类词汇未有统一定论，因惯用语“游乐场”一词多指儿童可游玩的具象空间场所，故本书将儿童游玩行为发生的抽象空间定义为“游乐空间”。

⑧游玩环境（play environments）。游玩环境即描述游玩时间（游玩所需时间的变化）、游玩团体（一起游玩的小伙伴）、游玩方式（游玩的方式方法）及游乐空间（游乐空间特征与构成）四要素的儿童户外游玩的综合环境概念。最初由日本建筑师仙田满提出；他指出游玩环境四要素互相影响且随时代而变化，是构筑城市儿童良好游玩环境所需的必要条件。本书延续此概念，将儿童游玩的相互行为，以及所处的整个抽象、具象空间的综合环境定义为游玩环境。

⑨儿童友好城市（child-friendly city）。1996年联合国第二届人居环境会议正式提出此概念，其广义定义为：可以听到儿童心声，实现儿童需求、优先权和权利的城市治理体系。其法律根基是1990年生效的国际法《儿童权利公约》，强调家庭、社区、城市政府在公共事务中以儿童利益为先，倾听、接纳他们的意见，并开展政策、服务方面的制度建设，塑造儿童友好的社会环境和物质环境来保障和促进儿童权益的最大化。

1.4 国内外研究现状及发展动态

1.4.1 城市儿童游乐研究现状及发展动态

20世纪60年代以后，以欧美为代表的城市游乐空间体系的理论构筑有了一定的发展。随着世界范围内健康水平日益提高，出生率急速下降，人口结构变化所带来的老龄化社会问题加剧，游玩方式与游乐空间也随之发生了巨大改变。为了解决高速发展背景下城市游乐空间的分散与减少问题，将城市的儿童游乐场所的定义延伸，关注街道等空间的儿童利用情况，倡导与地域特性结合的空间营造，同时，各类相关非政府组织开始鼓励用社区交流的自然游乐，多年龄层人群的共享空间等方式解决城市中游玩环境不良的问题。为了落实理论，联合国《儿童权利公约》中明确了儿童有玩耍、享受游戏和健康成长的权利，并制定了《构建儿童友好型城市和社区手册》。

以与我国同样面临老龄化问题的日本为例，在线数据库 J-STAGE 进行儿童游乐相关论文检索，截至 2021 年 1 月底共筛选出有效文献 88 篇，发表时间主要集中在 2000—2005 年。

我国自 20 世纪 50 年代就有学者开始关注儿童与城市空间的关系，至 80 年代以后才有了较快的发展。目前我国因处于新型城镇化的高速发展中，城市游乐空间形态发生改变，出现了亟须解决的问题，概括如下：①游乐环境恶化（老龄化社会）；②城市社区游乐空间资源配置不均；③评价体系与相关理论框架不完善；④国外文献的研究成果与实践难以适应我国的特色环境与背景，如社区治理背景下的游乐空间、隔代养育等。近年来，如何有效地解决游乐环境恶化的问题，如何丰富游乐空间形态等开始受到关注，但各类研究成果还有待深入定量进行科学研究。

1.4.2 游玩方式与游乐空间的影响与变化研究现状及发展动态

1. 国外儿童游乐理论体系研究

利用Elsevier的ScienceDirect学术期刊网站，进行主题词为“play space”或“playing spaces”与“play style”或“playing styles”的检索，截至2021年1月底共筛选出高质量期刊文章173篇，发表时间主要集中在2015—2019年，这表明这五年来儿童游玩方式与游乐空间的研究得到了越来越多的关注。其中主要为游乐空间特征的量化研究。文献中有60%来自英国、瑞典和丹麦，涉及领域集中在景观、城市规划、环境生态及儿童教育4类。将文献细化分类排列，定义分类轴为空间特征（小）–城市规划（大），游玩内容（行为）–游玩评价（认知）二轴；由研究分布情况可得理论研究主要侧重点包括游玩方式调查、游玩内容与游乐空间的关系、城市游乐空间分布和游玩景观认知四个方面。其中，儿童游玩方式（人的行为模式）与游玩空间（事物的特征）之间的相互影响与变化越来越受到学者的重视。

随着场所的空间特征发生变化，游玩方式也发生变化。近年来很多研究者针对自然游乐展开了实地调查研究，对儿童游乐内容和场所空间要素进行了相关性分析。结果表明，诱发自然游乐的空间与其他形式的空间在特征上存在显著差异；而人工设备，例如运动操场的硬质铺装与人工游戏设施的放置，往往会对与自然互动的游乐活动产生不利影响。然而与自然互动的游玩方式会影响游玩内容的多样化，因此利用添加各种自然元素的方式可以提升儿童游玩的多样性。添加自然元素的方式包括：增加草坪面积，在景观设计中加入落叶空间，营造与鸽子、流浪猫等小动物互动的空间，添加喷泉等水元素，以诱发各种游玩的可能性。此外不少研究通过对成人进行问卷调查，询问他们小时候在乡村等自然环境中的玩耍情况，对比现在儿童在高速发展的社区中的游玩情况，结果表明，现在儿童游乐空间单一且自然空间较少，游玩形态与数量单一化。因此，安装复合型游乐设施，营造地形起伏，创造多种空间类型，添加不同材料与质感的铺装，能够达到空间类型多样化的目的，丰富儿童游玩方式。

在众多国家中，日本的经验可以为我国游乐空间的发展提供有力的参考。随着日本经济发展速度的放缓，家庭结构逐渐趋向小型核心家庭；紧缩型城市空间不断形成，社区链接变得越发紧密；同时日本也面临着“高龄少子化”的社会危机，社会越发重视面向“一老一小”的城市空间配置；这些社会模式的变化同样对城乡儿童游玩环境产生了影响；日本在城市和乡村的游乐理论建构方面深耕多年，具有国际领先地位，还翻译出版了多国经典的游乐相关书籍，将欧美的思潮理论学习消化，形成了适用于亚洲思维模式的学术体系，进行了良好的社区实践尝试。日本类似的社会结构发展、相似的儿童游玩环境变化，以及科研的良好学习与转化的模式，都对亚洲其他国家，特别是中国有着极好的借鉴作用。因此国外儿童游乐空间与游玩方式相关理论和实践研究成果可为本书提供理论参考。

国外的实践研究主要集中在自然接触、参与式建造活动和优秀案例推广三个方面。美国、德国与日本在21世纪陆续开展了各类自然教育与儿童参与式营造活动，以及无动力游乐设施的冒险游乐。如伊东丰雄的儿童建筑塾、Peter Hubner的儿童未来学校等。很多先进设计公司，如日本象设计集团、Takao、Anneby，丹麦的Kompan、Monstrum，瑞典的Hags，法国的Proludic，以及我国的张唐景观、乐丘游乐等，从儿童视角探索游玩乐趣，加入冒险、挑战等元素，积极营造多样、丰富的游乐空间。优秀的实践公司积极思考如何提升游玩兴趣，让游玩空间变得可玩、有趣、丰富，其创造的设计案例有效地推动了儿童游乐空间的实践建设。

2. 我国儿童游乐相关研究

利用中国知网进行主题词为“游”或“儿童”+“空间”的宽泛检索，除去游园、游画等与城市儿童游乐无关论文，电子游戏类和设计案例分析类硕博论文，观点与评述类、国外儿童游乐场案例介绍类、心理教育类文章等，筛选得出建筑、规划、景观三学科高质量期刊中涉及游乐方式与游玩空间的文章仅为42篇（截至2022年1月25日）。其中，阐述游乐方式与游玩空间相互影响与变化的文章不足14篇。这说明我国还没有详细且系统的游玩方式与游玩空间之间关系的相关研究。

我国儿童游乐相关研究正处于起步阶段，检索出的论文主要发表在近些年，说明近年来我国开始重视儿童游乐情况调查与游乐空间特征的研究（文献中游玩方式与游乐空间指标分类如图1.2所示，儿童游乐场地类型主要分类如表1.1所示）。改革开放以后儿童游乐研究开始迅速发展。游乐场地规划设计实践先行，形成了不同城市、不同社区等各类特定空间条件下的调查研究方式。目前北京、上海、广州、长沙、成都等地的优秀学者开展了相关研究与探索；深圳已率先开展了儿童友好城市的建设。社区花园、空间布局、自然式儿童游戏场、放学路径空间研究、代际演变等的调研与研究逐渐成为研究热点。跟国外相关研究相比，我国儿童游乐理论研究更多侧重于案例介绍、设计原理等定性研究，以及城市儿童各类游乐利用情况的调查结果呈现；对数据处理的定量研究不足，而且对游玩方式与游乐空间的指标独立进行调查分析，缺乏关联的系统理论支撑；鲜有针对我国特色背景下如隔代抚养、多世代空间共享、儿童的景

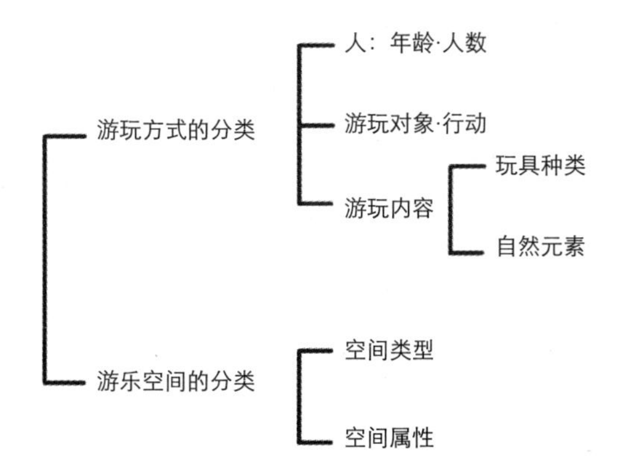

图 1.2 我国文献中游玩方式与游乐空间指标分类

表 1.1 儿童游乐场地类型主要分类

<table>
<tr><th colspan="3">分类</th><th>类型及举例</th><th colspan="2">空间特征</th></tr>
<tr><td rowspan="8">根据功能性</td><td rowspan="4">正式游乐场所</td><td>传统儿童游乐场地</td><td>公共游乐场，含秋千、滑梯、跷跷板等</td><td rowspan="4">专门为儿童游乐活动预留设计并备有设施场地</td><td rowspan="4">独立性
专门性</td></tr>
<tr><td>现代儿童游乐场地</td><td>设计人员利用自然环境人为建设场所</td></tr>
<tr><td>冒险游乐场地</td><td>冒险类游乐空间，自主选择游玩方式</td></tr>
<tr><td>创造性游乐场地</td><td>游戏设备商设计的多种游戏设施</td></tr>
<tr><td rowspan="4">非正式游乐场所</td><td>城市居住区</td><td>邻里空地、绿地、小区广场、出入口等</td><td rowspan="4">既是城市各个公共空间的组成部分，又具备儿童游乐的可能性</td><td rowspan="4">瞬时性
复合性</td></tr>
<tr><td>城市公园</td><td>综合公园、主题公园，多受节假日限制</td></tr>
<tr><td>城市广场、街头绿地</td><td>城市中心，多发生在学校和居住地之间</td></tr>
<tr><td>城市其他户外空置地</td><td>施工空地、废弃区域等灰色空间</td></tr>
<tr><td rowspan="3">根据尺度</td><td>宏观</td><td>城市级公园</td><td>含综合性公园、儿童公园、游乐园</td><td>缺乏统一量化规范标准</td><td>弹性</td></tr>
<tr><td>中观</td><td>区级公园 / 绿地</td><td>区级公园、城市广场、街头绿地</td><td>与服务半径相关</td><td>可达性</td></tr>
<tr><td>微观</td><td>居住区及附近公共空间</td><td>学校操场、小区绿地广场、商业空间</td><td>只有学校和小区能重点考虑儿童需求</td><td>大众性</td></tr>
<tr><td rowspan="3">根据友好属性</td><td colspan="2">专设类游乐场地</td><td>包含儿童游乐设施的户外游乐场：综合公园内部等，常规设计配置较多</td><td>区位条件好，可达性低，功能单调</td><td>集中性
人工性</td></tr>
<tr><td colspan="2">附属类游乐场地</td><td>不包含儿童游乐设施却具有儿童友好特征的户外游乐场地：学校附属绿地等</td><td>可达性高，场地休憩游憩特征明显</td><td>开敞性</td></tr>
<tr><td colspan="2">自发类游戏场地</td><td>既没有游乐设施也不具备儿童友好特征的户外游乐场地：道路交会处等</td><td>生活圈附近，年龄偏幼龄，安全隐患大</td><td>便利性</td></tr>
</table>

观意识与认知等的研究。

实践方面，我国已有多例优秀设计，但仍缺乏深入归纳、推广和理论建设支持。在城市总体规划、详细规划、居住区规划中应严格执行《城市用地分类与规划建设用地标准》《城市居住区规划设计标准》等有关未成年人活动场地的法规和标准规定，确保满足儿童游乐空间需求。

1.4.3 既往研究小结

国外儿童游乐相关理论研究系统、深入、成果丰富；我国相关研究正处于起步阶段，且越来越受到重视：①对游玩方式与游乐空间之间的互相影响与改变的研究尚少；②对儿童视角下可玩性的相关理解与研究不足；③对城市特色游乐空间的基础理论研究缺乏。我国由于其特殊的时期和发展经历，在行业中往往推行“实践先行”的模式，忽略了支撑互动模式的具有中国国情特色的知识基础和系统体系。通过对既往研究进行梳理与分析，全面地了解学术发展动态，探索建立符合我国特色背景的儿童游乐相关的理论体系。故本书着眼于日本游玩方式与游乐空间的影响与变化，挖掘城市儿童游乐空间布局特征和时代变化规律。对游玩方式及空间特征的影响与变化、可玩性释义下各类空间优化、游玩意象变化等方面进行量化、深化及拓展研究，以期借鉴日本经验推动适应我国发展的、科学可行的儿童游乐理论体系构筑，为城市儿童空间设计实践提供科学依据。

2

游玩方式与游乐空间研究的历时性演变
——以有东亚特色的日本多世代为例

插图 何雨露

2.1 本章研究背景和目的

随着我国城市化进程中儿童游玩形态减少、游乐空间碎片化的趋势不断加强，儿童游玩环境发生巨大变化。“三孩政策”等促进生育政策和日渐突出的社会养老矛盾揭示出当代中国的家庭结构正经历着从核心家庭向多世代家庭的转型，既有的城市规划策略中针对“儿童－父母互动”的传统模式已无法满足新兴的代际互动需求。老幼同养、隔代儿童抚养等中国特色国情在高速发展的新型城镇化背景下暴露的各类社会矛盾亟须解决。

本研究以“游玩意象”来探讨城市儿童游乐空间特征与优化策略；开展实证案例分析厘清城市游玩方式与游乐空间关系，构建可玩性解释理论及游玩意象图谱以优化共享游乐空间；梳理分析具有中国特色的老幼同养、隔代儿童抚养等多学科领域交叉的共性问题，并提出适应我国发展的、科学可行的多世代共享游乐空间体系理论，以指导儿童友好城市的营建。本研究聚焦多学科领域交叉的共性难题，并不局限于风景园林、户外游憩理论等研究中的“行为－空间关系”，通过系统的社会学调研及量化分析，构建可玩性解释理论及绘制游玩意象图谱，以研究可玩性视角下的游玩空间特征与优化策略。游玩意象、可玩性等概念涉及社会学、景观设计学、心理学、行为学、儿童发育学等多学科领域，需要开展多学科交叉研究，进行科学、系统的阐释。

上一章指出，各历史时期对儿童游戏的研究重点随着社会变迁而不断变化。近年来，在出生率下降和人口老龄化等社会背景下，相关研究发展推动法令条例等行政措施的出台落实。

近年来，关于儿童游乐的研究可以总结如下：①多重空间的重要性日益增加；②自然元素和人工设施的安排在空间上和时间上（季节上）主导着游玩的数量和质量；③用于游玩的自然材料越多样化，其使用效率越高；④对二级自然环境的再利用较少；⑤人们对户外游戏、社区再生、多世代互动以及与当地社区合作有着强烈的兴趣。

此外，随着城市及本土社区的进步发展，儿童游戏的环境变化巨大，人们认为，室内游乐场设备的发展、室外游乐场的改造、自然环境的减少等变化影响了儿童游戏的方式。在这种情况下，公园等城市公共空间作为儿童游乐户外空间的价值日渐凸显，比如帮助儿童更多地接触大自然。特别是当大量的游乐活动在公园广场上进行时，专门化、针对性的规划设计需要被纳入考量范围，比如规范儿童使用的广场的分区及其配套设施。

关于儿童和游戏的研究集中围绕儿童对公园和游乐空间的使用，游玩环境的组成和空间特征，游玩类型和空间元素的类型及其相互关系。上述研究关注儿童游玩与广场、公园中开展游玩活动的区域内的环境因素之间的关系，认为城市空间中自然元素和人工设施的设置对儿童游玩的内容影响巨大，提出“Playscape”的新概念，解释了根据地形从自然中创造游戏区的重要性。此外，也提出了鼓励代际互动的共享空间。

然而，以前的研究所涉及的分析指标划分缺乏整体性、系统性，如游玩方式的分类、广场的空间配置、游乐空间的特点、自然元素的重要性、游玩内容和空间元素之间的关系等分析因子之间呈现零散孤立的特征。同时从各类研究层面发现，共通的解决方案和新的发展趋势等的进展尚不明晰。例如，关于成人兴趣的变化、儿童游玩社会事件之间的关系、游乐场设备制造商开发的游乐场设备的趋势和潮流等方面的研究相对少，特别是涉及专业设计师思维变化的研究更是缺乏。

基于上述问题和观点，本章通过对时间段的划分，概括性地把握每个时间段内研究的趋势，对儿童游玩的定位和与游玩相关的概念进行整理，了解研究的兴趣变化，最终，找出尚未解决的问题，提出未来发展趋势并把握相关研究方向。

2.2 研究方法

本研究通过回顾儿童游乐相关文献进行历史研究，确定过去研究中的儿童游玩方式和游乐场的变化，结合当前变化明确新定位，并梳理游玩意象、归纳游玩方式和游乐场性质之间的关系。文献材料为景观和景观设计领域中关于儿童游乐的相关文献，来源于学术期刊上已发表的学术论文、书籍以及包括法令在内的行政文件和专业期刊。关键词为“游戏 + 儿童 / 空间 / 游玩实态（游玩方式）”。

在学术期刊上，日本第一篇关于儿童游乐的学术论文发表于1934年《园艺学会志》第4卷第1期（第15~24页），即《关于城市儿童游乐场的研究》。根据这项儿童游戏研究结果的发表年份，将搜索范围设定为1934—2018年，排除与景观、风景、区域特征和空间营造等研究领域关系不太密切的儿童发展心理学及只涉及儿童生活空间的相关研究。重点检索“游玩方式”和“游乐空间”，或聚焦两者相互关系的研究领域的论文。具体期刊包含风景园林领域的重要期刊，如《景观研究在线论文集》《日本建筑学会计划系论文集》《都市计划论文集》，这些期刊均可结合关键词“游戏”“儿童”“空间”或“游玩实态（游玩方式）”通过在线数据库“J-STAGE”检索。

在书籍著作方面，本研究参考了由行业专家和游具设备公司出版的书籍。仙田满和木下勇等专家教授的著作详述了他们关于儿童游戏空间和城市规划的思考及其现实发展，对儿童游乐研究领域的意义重大。按照书籍出版年份排列如下:《儿童游乐空间》(1974年)、《游戏文化人类学》（1977年）、《儿童游戏环境》（1984年）、《住房和儿童的居住场所100章》（1987年）、《儿童与游玩》（1992年）、《游戏与城市生态》(1996年)、《三代人的游乐场图鉴》(1999年)、《儿童与城市建设》（2000年）、《伊东丰雄儿童建筑学院》（2014年）、象设计集团的《11个儿童的家》（2016年）、《来！我们谈谈儿童的未来吧》（2017年）、游乐设计公司ANEBY的《创造故事的庭院设计》（2018年），以及山田屋的《能玩乐、学习的木质小屋》(2018年)等著作为本研究提供了许多宝贵的参考资料。

此外，本研究还收集了包括条例在内的行政文件，重点整理了关于儿童游戏的国家级法律与条例，以及东京世田谷区的条例。世田谷区 1979 年开设了日本第一个永久常设的“play park”——羽根木游乐公园，是东京积极推动与促进儿童游乐与教育，并处于先导地位的区（自治体）。此外，它还与大学和研究机构合作进行调查研究，并在官方网站的“生活指南”“儿童与教育”“儿童法令、计划和政策”页面中介绍其法令法规。

在专业期刊方面，本研究收集了日本造园学会、日本建筑学会和日本都市计划学会的期刊，其中介绍了大量的儿童游乐场设计实例及其背后设计意图。此外，本研究还收集了以下期刊：《城市公园》（ISSN 0287-5675），由东京都公园协会每年出版四期；《景观设计》（ISSN 1341-4747），由 Marumo 出版社出版的双月刊；《绿色与水广场》，由东京都公园协会出版；UR 城市复兴机构出版的 *UR PRESS*。日本风景园林设计咨询协会的《CLA Journal》、自然公园基金会的《国家公园》、日本公园协会的《公园绿地》、城市绿化基金会的《都市绿化技术》，以及日本旅游促进协会的《观光与城市规划》等专业期刊未被纳入分析范围，原因在于此类期刊集中关注设施管理、国家公园等保护区、公园管理相关机构、与城市绿化和地方振兴有关的技术等不同领域，并不涉及儿童游乐场及其设计意图。儿童友好相关日文文献的时代变迁如图 2.1 所示，图 2.2 中显示了用于分析的文献来源清单。

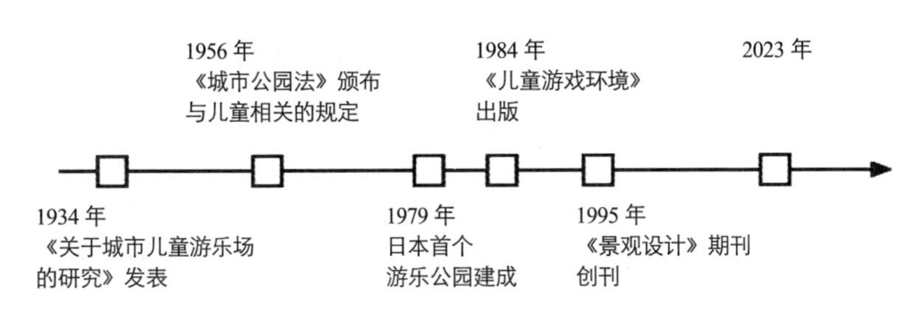

图 2.1　儿童友好相关日文文献的时代变迁

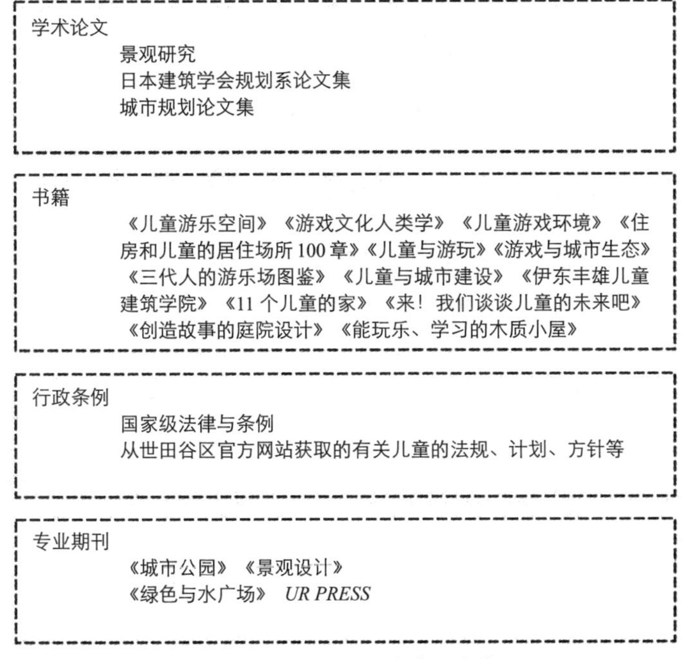

图 2.2　用于分析的文献来源清单

2.3 游玩方式与游乐空间特征的历时性演变

本研究结合各类材料首先按年份变化分析了日本及其他各国的学术论文、书籍、行政文件（包括条例等）和专业期刊所涉及的文章及其重点内容，以了解过往的研究数量和趋势。

1. 与游戏变化有关的研究结果

与过去儿童在户外自然环境中开展游玩活动的时代相比，儿童游玩活动发生了巨大变化。城市化导致自然环境和游乐场所减少，出生率下降使得儿童的兄弟姐妹和朋友的数量减少，现代教育观念的变化导致参加补习班的儿童数量增加，科技进步致使网络游戏和电脑普及，这些都增加了儿童在室内玩耍的时间。

回顾儿童游玩地的各项研究成果，发现大量研究都揭示了儿童视角下游玩活动的各项需求，解释了儿童开展自然游玩的重要性，梳理了游玩与空间环境各因素之间的关系。本研究着重关注的是，教育学和心理学等研究领域持续关注的公园游玩，另外景观建筑和建筑学等领域也十分关注自然环境、公园和学校等空间中的游玩活动。具有代表性的研究成果如下。

长山等（1989）使用跟踪调查法，追踪了儿童公园（现在的城市公园）自公园投入使用到重新营建的空间及相关设施的变迁。结果显示，在广场中心建造一个花坛使得年龄较小的儿童进入广场开展游玩活动，而随着儿童年龄的增长，发生了儿童从主要使用广场设施转向自主使用广场空间的变化。这种变化使得空间利用更加有效，例如儿童们想出了在重新营建的广场上进行球赛的游玩活动。

后藤（1996）以日本林试之森公园和小石川植物园为研究场地对儿童游戏进行了调查，分析了游玩的多样性和空间特征之间的关系。其对游玩进行了类型化处理并得出：在户外自然空间中开展的游玩具有多样化特征，游玩活动随着季节的变化而发生变化；草坪作为户外自然空间，诱发多样化的自然游戏的效果显著；游乐场设备和开放空间与自然游玩活动的多样性并无联系。

椎野（2014）根据儿童绘画和调查问卷的结果分析了儿童对城市公园的各项需求，指出这些需求随着儿童的成长而变化，在变化过程中存在性别差异。

为了研究在公园以外的空间中开展游玩活动的情况，浅川等（1982）通过对札幌市高年级小学生进行问卷调查，调查了户外游玩的空间条件和学生对操场空间的满意度，为操场的空间规划提供了基础数据支撑。研究得出：自由时间的多少和朋友存在的与否对户外游戏玩乐影响显著。问卷结果显示，儿童群体分为对户外游戏积极和消极两类群体，大量受访者表示，操场太小，设施不太有趣，他们认为需要为活跃群体提供运动场所，为消极群体提供有吸引力的操场空间。

内藤（1987）以街道、社区内进行的游玩活动为研究对象，进一步说明了游乐空间的特征。他特别指出，形状、设备（设施）、材料和场地氛围等均为游乐空间的评价因素，并指出对这些因素的综合考量会对游玩活动的产生具有促进作用。

仙田（2005）对一所小学操场上的儿童游玩活动开展观察调查，进行了营造滨水空间和增添游戏设施等改造活动，并分析了各类改造活动的实际效益。结果显示，操场空间的改造未对使用学校操场的儿童数量产生明显影响，但新建造的区域如滨水空间，受欢迎程度提高，游玩种类更加多样化，使得更多儿童开展了自然游玩活动。

寺内等（2006）对50岁和60岁的人进行问卷调查，结合调查数据梳理了20世纪50年代前户外游玩开展的实际情况。结果显示，20世纪50年代存在各种类型的户外游玩活动，在自然户外空间，微地形和植物是游乐空间的主要环境构成要素；在乡村，平坦的地面是集体户外游戏的必要条件。

上述研究已经阐明了儿童群体的特征（如年龄、性别等）与使用的空间类型之间的关系，或空间特征对游玩活动的影响。总的来说，其所采用的研究方法有两种：①通过开展问卷调查和对具体的游戏情况进行调查，如观察调查，对游玩活动及游乐空间进行实证研究；②对各项空间要素或指标进行分析，梳理游乐空间的变化趋势并进行空间类型研究。既有的研究已经对游玩类型和游乐空间元素进行初步分类，部分研究已有季节等时间要素的考量，但仍缺乏长时间的综合、系统的实证研究。

相关的研究成果如下。

① 评价轴。

本研究通过分类标准的划分从文献资料中梳理研究动向（图2.3）。在比较过去的研究动向时，为研究游乐空间设定的评价轴分别为游乐空间的集中性（分散性）、游乐空间的自然性（人工性）。

2. 空间特征研究的缺失

以往，在游乐空间的组织形式中，游乐空间、生活空间（房屋及其周围环境）和教育空间（自然学校 / 学校等）相互独立，游玩活动在不同空间被割裂，以便开展固定的专类活动。对共享空间、无序游玩等将同一空间用于不同游玩目的的空间组织形式缺少关注。人们认为，这类空间组织形式的改变使儿童丧失了专有空间，儿童专有空间的存在和其间的行为并未受到重视。

仙田发表了大量有关儿童的研究成果，虽有不同视角，但针对商业游乐园、乡村游乐、自然观光等的研究不多。

木下和中村指出，城市中，公园、学校、操场和房屋是最主要的游乐空间，不同代际的居住区相互孤立与街道作为游乐空间的趋势下降有一定关系。木下提出疑问：处于不同发展阶段的儿童的身

评价轴 1：游乐空间的集中性（分散性）

指定的划分区域的游乐空间（儿童游玩·专用场所） ⟷ 道路、街道、家门口等分散空间（在儿童视角下一切活动都是玩耍）

评价轴 2：游乐空间的自然性（人工性）

图 2.3 游乐空间分类的评价轴

心条件存在差异，是否可以为处于不同发展阶段的儿童营造有趣、包容的共享空间？同时，他提出两类设计方法：一是对各类复杂抽象的空间要素进行简化与统一，如Moerenuma公园；二是强调多样性，开展复杂的空间环境营建，如冒险游乐场。上述两种设计方法可统一概括为采用简单的抽象化或复杂的多样化的手段营造有趣的、有吸引力的、多样化的游乐空间。

3. 行政政策中对游乐空间关注的变化

近代以来，长期没有颁布儿童游乐法规的原因之一是公众对儿童游乐相关难题了解甚少，重视不足。但目前，国家和地方颁布法律和条例推动城市相关细则的颁布引发了人们对儿童游乐问题的进一步探讨，例如，有利于儿童游乐以实现健康成长的城镇发展细则相继出台。近年来，在自然地形、强调较大运动量的空间数量减少的现实情况下，人们仍希望通过提高儿童活动能力来减少儿童受伤的风险。但出于对保障儿童安全的考量，不可避免要建设相应的公园，以重新构建游乐环境。此外，由于进行各类体育活动必不可少，如秘密基地等激发好奇心、创造力的游乐空间，也可以结合地域和社区进行空间共建，完善相关条例。

4. 日本儿童游玩方式与游乐空间研究的时代划分

根据日本儿童游玩方式与游乐空间的相关研究密度分布，近代以来与儿童游乐相关的法律、自治体的条例，以及各类非政府组织与协会重要的会议和相关大型活动的开展情况，可将日本儿童游玩研究划分为5个时期：黎明期、海外学习期、研究进展期、多世代交流进展期、游乐社会多样化期。其中“黎明期”为20世纪30年代至50年代，日本开展了与儿童游乐相关的调查研究，研究进入起步阶段。在经历一段时间的沉淀后，1956年日本颁布了《城市公园法》，对儿童公园相关设施的标准进行了规范。与此同时，受到英国、北欧等地的冒险游乐场先进思潮的影响，日本对游乐空间的相关研究进入了积极学习海外先进经验的“海外学习期”。20世纪60年代至80年代，相关学术成果大量增加，系统的调查研究陆续出现。在实践层面，日本建造了国内首个冒险游乐场，鼓励儿童使用无动力设施进行冒险游乐，由此进入“研究进展期”。20世纪80年代至2000年为“多世代交流进展期”。1993年废止了儿童公园的设施标准。1994 年批准《儿童权利公约》，随后开始大范围地通过多世代的游乐活动来促进地域交流。2000 年以后，以东京国分寺地区的《国分寺游乐空间条例》的制定为代表，社会实践家与学术研究者开始聚焦空间的共享共用，以解决高龄少子化带来的游乐休憩空间不足的社会问题，这标志着游乐社会多样化的时代来临。对 5 个时期的文献与条例进行梳理与归纳，并总结关键词，如表 2.1 所示。

20 世纪初日本学者大屋灵城首次进行城市儿童游乐调查，相关结果显示街道两旁的过渡空间是最接近儿童轻松自由玩耍的空间形式。1960 年以来，社会飞速发展，城市形态呈高度集中的组织形式，自然环境减少，城市儿童游乐空间分散，建筑师仙田满提出“游玩环境”一词，展开了系统且全面的游乐方式与空间类型的调查研究，这奠定了游乐空间研究的相关理论体系。1974 年大村虔一夫妇将英国造园家 Lady Allen of Hurtwood 撰写的 *Planning for Play* 与瑞典造园家 Arvid Bengtsson 的 *Adventure Playgrounds* 两本著作翻译成日语出版，掀起了向海外学习先进经验的思潮。与此同时，在英国、北欧等地兴起废弃材料游乐场的影响下，日本首个冒险游乐场诞生。

游乐场位于东京世田谷区，因其居民素质、文化水平、经济条件较好，儿童出生率高，因此成为各类儿童研究与政策的先进合作试点区域。学者木下勇在20世纪90年代左右开展了各世代游乐场分布的调查研究，致力于社区化的儿童游乐空间营造。近年来，针对部分特定游玩情况的研究进一步发展，如研究冬天北海道极冷地区的户外游乐空间特征，残障儿童的游玩需求，以及家长的视线有无阻隔等安全防范问题。

根据现有的研究成果，国家颁布的法律和市政法规，以及各组织、协会等举办的重要活动，本研究对儿童游乐进行了时期汇总与分类（见表2.2）。从20世纪30年代初次开展儿童游乐空间的研究至今（2019年），将与儿童游乐有关的主题按年份进行梳理并参照主题的时间顺序表划分如下。20世纪30年代到50年代，即“黎明期”，此时期内针对儿童游戏初步展开研究。20世纪50年代到60年代，即“海外学习期，1956年《城市公园法》颁布后，儿童公园设施建设标准相继制定，至20世纪60年代海外探险游乐场的先进经验被引入日本国内。20世纪60年代至80年代，即“研究进展期”，

表 2.1 日本游乐制度、

年份 / 年代	日本	世界
日本江户时代	石川松太郎《图说·日本教育的源流》、渡边信一郎《江户的寺子屋和儿童》、多田建次《学校的诞生》，以及新岛襄、片山潜等在文章中描绘了儿童游玩	
日本明治时代	三宅克己、荒畑寒村、菊池宽等在自传中提及游玩场所	
1916—1922	大正时代：金田一春彦、小仓朗等的文章有游乐描写	20 世纪初，英国逐渐认识到儿童游乐 重要性
1924		国际联盟通过《儿童权利宣言》（ 内瓦宣言》），这是有关儿童权利的 际宣言
20 世纪 30 年代		在欧洲，劳动者向城市聚集，出现了 楼大厦，汽车使用逐渐流行，城市化 程加快，儿童游乐场匮乏。这一时期 欧洲类似于日本经济快速增长时期， 欧洲比日本早 30 年出现此类现象。1 年，瑞典斯德哥尔摩市增加了 9 所游 场所，并配置了游玩引导人员。此后 乐场数量有所增加
1943		丹麦哥本哈根市诞生了世界上第一个 险游乐场，这是一座用轮胎、绳索、 子等废弃物建造的游乐场
1945		瑞典景观建筑师阿维德·本特松（A Bengtsson）在瑞典南部城市赫尔辛 计了冒险游乐场

潮相关的大事年表

备注	时期
	黎明期
国社会对儿童的传统看法是将儿童视为“小大人”，要管理而不是允许其自由发展。“游玩是生活的训练，是地域及社区的第一需求”	
二次世界大战中家园被摧毁，儿童在疲惫不堪的成年的陪伴下度过了黑暗的童年，丹麦景观建筑师索伦森arl Theodor Serensen）教授创造了废弃物游乐场	

年份 / 年代	日本	世界
1948—1950		伦敦首开冒险游乐场。第二次世 大战后，为帮助移民儿童适应社会， 萧条的伦敦市内为儿童设计了废旧金 再利用的游乐场
1955		米豪（Milhaud）在瑞典的联合国主办 会议上倡导“随着社会的变化，要将 童游乐活动纳入国家层面的政策制定中
1959		1959 年 11 月 20 日联合国大会通过《 童权利宣言》，提出儿童除其他权利外 还享有受教育、玩耍、生活在良好环 以及卫生保健服务的权利
1961	20 世纪 60 年代，城市快速发展、交通拥挤，东京游乐场所匮乏	国际游乐场协会（IPA）在丹麦设立
1973	*Planning for Play* 一书被翻译成日文并由鹿岛出版社出版发行	英国：1974 年施行《劳动健康与安全法 政府开始意识到自己对游乐场所的安 事故负有管理责任，在全国范围内减 冒险游乐场的建设，让儿童彻底远离 有危险性的冒险类玩耍场所
1975	大村虔一夫妻（*Planning for Play* 的译者）在东京世田谷区开展儿童游乐活动	
1977—1978	樱之丘冒险游乐场（限定开放 1977 年 7 月—1978 年 9 月）	

（续表）

备注	时期
观建筑师艾伦女士（Lady Allen of Hurtwood）从丹麦哈根的废弃物游乐场得到灵感而创建	黎明期
	海外学习期
掀起一轮冒险游乐场热潮，并反向输出到发源地丹这一游乐场形成最终在20世纪50至70年代传播到典、瑞士、德国、法国、意大利、日本和澳大利亚	
纪60年代末，因举办奥运会，东京的交通情况进一化，“不要出来，不要走路，待在家里”等交通标广泛使用	
	研究进展期
世纪70年代，英国已建立了约250个冒险游乐场，的调查报告指出冒险公园开放后，城市破坏行为的率有所下降	

年份 / 年代	日本	世界
1979	日本常设冒险游乐场所——“羽根木游乐公园”开始运营，东京世田谷区。国际组织 IPA 日本支部诞生	联合国指定 1979 年为“国际儿童年
1980		英国：20 世纪 80 年代左右政府财政 学校和地方政府相继卖掉了运动场 童游乐空间面临严峻挑战
1988		澳大利亚：设立了游乐咨询（Playground Advisory Unit），鼓励对 游乐场所的规划采取更全面的方式方法 如以游乐设施为中心，合理配置周围 境 英国：1988 年成立了游玩支援组织— 童游戏委员会（The Children's Play Cou
1989		联合国通过《儿童权利公约》。英国：年在伦敦成立了全国游玩信息中心。德 尼黑：以“有游乐空间的城市”为主题 合教育家、游乐活动家等人士建立了各 玩之家和冒险游乐场所
1991		英国：批准《儿童权利公约》。其中 条规定了儿童休憩与休闲的权利，这成 国此后制定儿童相关政策的基础
1995	横滨举行第 21 届 OMEP 世界大会，提出玩耍游乐是儿童的重要权利	
1996	20 世纪 90 年代以后，作为市民活动场所的“冒险游乐场”迅速向全国推行	联合国儿童基金会倡导儿童友好城市建
1997		英国：社会对儿童游乐的认知逐渐提高

（续表）

备注	时期
府和市民共同营建的世田谷区的国际儿童年纪念事一的“羽根木游乐公园”正式开园，这一公园为永冒险游乐场	研究进展期
	多世代交流进展期
童权利公约》在日本于 1994 年被批准生效，在中国年生效。1990 年第 11 届 IPA 世界大会于东京举办，议题为“游乐及教育”	

年份 / 年代	日本	世界
2000		英国：全国运动场协会（National P Fields Association）、儿童游戏委员会 织共同发布一份题为“最佳游乐” Play）的报告，报告对游玩和玩耍如何 儿童的健康成长，以及需要哪些服务， 么需要这些服务等做了详尽阐述
2002		威尔士议会政府宣布了世界首个《儿童 玩综合政策》
2004		英国：《儿童法》基于每个儿童都至关 的原则，支持儿童的游玩需求
2006		英国《儿童的游玩综合政策》规定要确 位儿童都有 10 平方米的游乐空间
2007—2008	日本制定并公布《儿童游乐场安全管理法》	英国：文化部起草了关于儿童游戏措施 议书《公平游戏》（*Fair Play*）。它指 有居住区都应该拥有儿童游戏区，邻近 区应配有安全有趣的游乐场。游乐场应 可达性及安全性。公园和广场在公共空 对儿童和年轻人是有吸引力的，需要得 好的发展和维护。儿童、青少年及其家 发展社区公共游乐空间中发挥着积极 用。所有的儿童和青少年，包括残 童及社区少数群体儿童也都应当享 玩的权利
2010		现在欧洲约有 1000 个冒险游乐场，其 约一半在德国

（续表）

备注	时期
1 年民意调查机构 MORI 公布了一项关于公众对青少致策需求的调查，结果显示，许多成年人强烈希望能青少年提供社区服务，对幼儿的各项设施有着非常强的需求	多世代交流进展期
	游乐社会多样化期
国：设计师联合游乐设备制造商共同制定了指导手《开发无障碍游乐空间——实践指南》（*Developing essible Play spaces - A Good Practice Guide*）	
满足儿童游乐需求，*Planning Policy Guidance Note* 提了国家规划框架，规划设计者需要在区域发展框架中加开放空间标准，并在建造住宅时，确保有可供儿童乐以及年轻人闲逛的开放空间	

表 2.2 日本儿童游

时代	Ⅰ黎明期 （20 世纪 30 年代—20 世纪 50 年代）	Ⅱ海外学习期 （20 世纪 50 年代—20 世纪 60 年代）	Ⅲ研究进展期 （20 世纪 60 年代— 20 世纪 80 年代）
既往研究分布	初步调查	海外发展引进	游玩理论体系构筑
		冒险需求	游玩的权利
	游玩方式		游玩方式与游乐空间之 影响与改变 *
		游玩需求	空间特征 空间特征
			时间 / 空间的变化性

注：标注 * 的为日本研究中“游玩方式与游乐空

究的发展脉络图

IV 多世代交流进展期 世纪 80 年代—2000 年）	V 游乐社会多样化期 （2000 年至今）
自然教育 / 游玩多样性	团地 / 住宅地游乐空间
元素需求 / 大型游乐设施	社会变化的影响 / 电子游戏
游玩偏好 / 景观偏好	儿童视角的“可玩性”（与成人视角差异）*
区域活动 / 社区交流	特殊情况游乐（极寒地游乐 / 残障儿童）
安全性 / 防范设计	安全法规 / 政策
关系 化 政策 / 心理	游玩意识 / 儿童的风景观

社会 / 意识

与变化”和“可玩性”部分。

这一时期儿童游乐的理论研究与实践不断推进，相关研究成果增多，日本建立日本境内首个冒险游乐场——羽根木游乐公园（Hanegi Play Park）。20世纪80年代到2000年，即“多世代交流进展期”，在1993年废止了儿童公园设施的标准和1994年颁布了《儿童权利公约》，游玩活动成为社区内居民互动的催化剂。2000年开始进入“游乐社会多样化期”，社会对游玩方式和游乐空间多样化的兴趣凸显。

各文献的研究方向和内容可以按照游玩方式和游乐空间进行组织，如表2.2所示。大量文献资料把游玩方式（游戏的实际条件）和游乐空间（空间特征）作为独立指标进行阐述，缺少对两者之间关系的系统研究。然而，在实践中，游玩方式和游乐空间是同步变化的，并且在某些方面重叠，因此很难对它们进行独立分析。此外，目前的研究对两者之间的关系未达成一致意见，因此对两者之间一致性的相关研究是很有必要的。参考既往各项研究分类的评价轴（图2.3），将本章的分类轴定为儿童游戏的研究兴趣，如图2.4、图2.5所示。

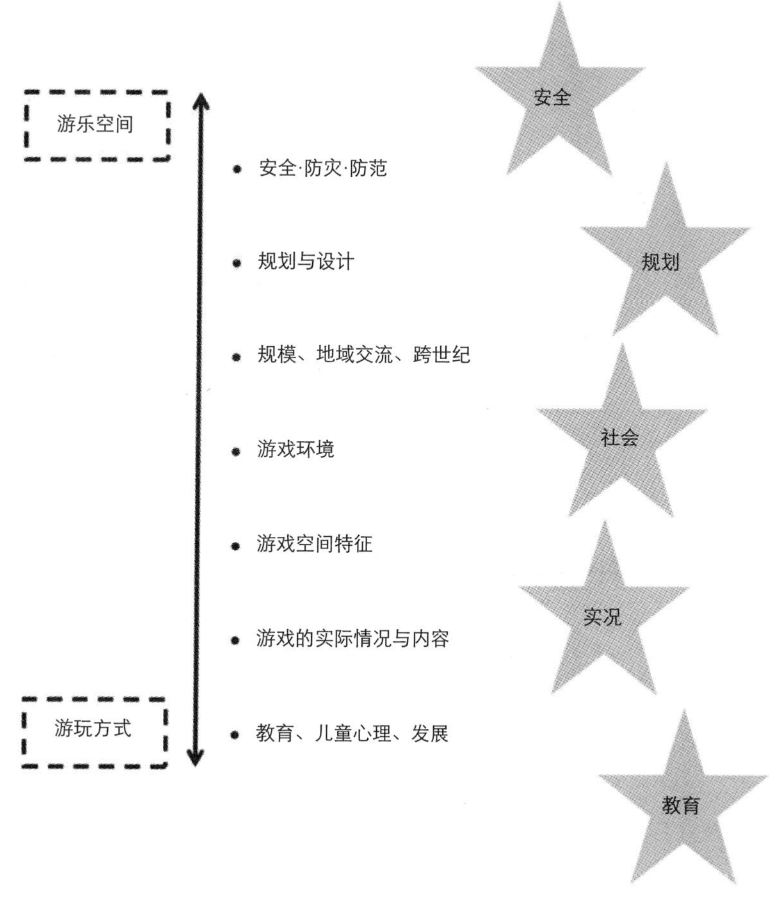

图 2.4 既往研究的动向分类轴

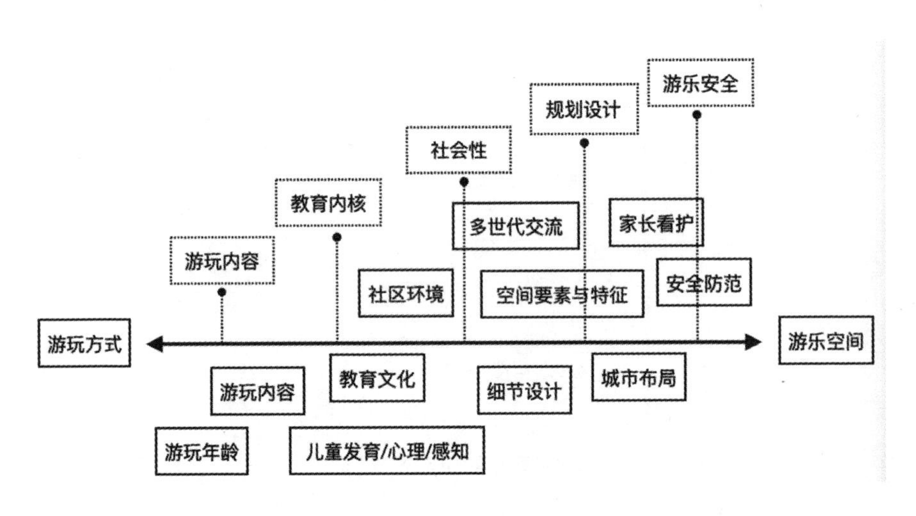

图 2.5　既往研究的动向分类轴细分类

5. 按时期类别划分的研究兴趣的变化

为了掌握所收集文献的研究趋势，通过时期划分和研究分类轴，将上述各时期类别的文献所涉及的描述内容（表 2.2）进行梳理（表 2.3），通过梳理各时期针对儿童游玩的研究成果和行政文件，本研究得出：各时期的研究领域和研究兴趣均有变化。该变化可概括为：儿童游乐的研究经历儿童游乐未成为研究对象、公园里的儿童乐园大量建设、引进冒险游乐场等先进国外实践成果、国内研究不断发展，以及针对社区破裂、安全问题、代际交流等社会问题开展多样化研究等不同时期。

6. 聚焦游玩方式与游乐空间特征的关系与变化（游玩方式和游乐空间的变化以及现有研究中两者的分层情况）

研究结果显示：自 20 世纪 60 年代日本儿童游乐的学术研究不断发展以来，从前人研究中可以看到游玩方式和游乐空间的变化以及两者之间的关系。

学者们指出，随着游乐空间的各类空间特征的变化，游玩方式也发生变化：游玩形态和游乐空间特性之间相互影响并进行历时性

表 2.3 日

	研究设定和意义		①黎明期（20 世纪 30 年代—20 世纪 50 年代）	②海外学习期（20 世纪 50 年代—20 世纪 60 年代）	③研究进展期（20 世纪 60 年代—2 纪 80 年代）
游乐空间 ↕ 游玩方式	儿童游乐相关的研究倾向	安全·防范			首次考量安全性，冒险游乐场的管理
		规划·设计	公园营造及管理：儿童公园，城市空间配置	儿童公园设施设计·准则规划	开始划定专门的儿童游空间
		社区交流·多年龄层			生活区域周围的游玩
		游玩环境			游玩环境概念的提出筑家仙田满），空间的整理
		游玩空间·特征			自然游乐提高多样性
		游玩方式·内容	游玩利用调查		游玩的日常性，儿童设计的固定搭配
		教育·心理			游玩的权利
	研究	此时代的发展方向·待解决问题			儿童游玩空间被限定为指定区域，与外界不足

注：深灰色部分为此时期研究的热点；浅灰色部分为

玩理论研究的发展脉络图

④多世代交流进展期（20 世纪 80 年代—2000 年）	⑤游乐社会多样化期（2000 年至今）
防范，安全性，事故预防	安全政策的施行
自然体验：和自然的互动，自然教育的重要性；政府“放学儿童游玩指导方针”	多样化的重要性：回归到有趣度的考量
玩区域由生活区向社会扩大，城市网格化，多世代交流；“儿童友好城市”	景观要素多样性（要素的广泛性）
化（儿童景观家木下勇）；空间共享；住宅小区的设计与规划	小区的高密度化
路玩耍，对于儿童来说在哪里都能玩；学校操场为原点向学校外的城市其他角落扩大	高架桥下的儿童空间；非日常的儿童空间（残障儿童的游玩、冬天户外游玩）；变化性
常与周末，暂时游玩活动，游玩组织，复合游乐设施；群体玩耍	儿童景观评价 · 使用调查；游玩的数码电子化
社会变化导致游玩时间变短；儿童发育学；自然教育 ↓	景观意象与认知 ↓
区游乐的自由度；从单一性到多样化发 抽象化指定从游乐到自然多样，这是一种任其玩耍的游乐方式 →	过于重视多样化；回归极简设计；多样化与均一化平衡与统一；营造大人也能游玩的空间 →

待解决的问题；箭头方向指示下个时代需要解决的问题。

变化，同时互有因果关系，不可将其割裂看待。游玩方式和游乐空间特征随着时代变迁与社会的发展而变化，但两者变化相互关联、具有统一性。当这些变化被视为整体时，可被描述为多层次的变化趋势。

以日本为例，儿童游玩方式与游乐空间的关系衡量指标如表 2.3 所示，时空联动变化如图 2.6 所示。其时代变化模式为：从“一维平面”的家、学校周边生活区域简单自主游乐模式，变为游乐空间向城市中其他空间扩大的“二维拓展”模式，再变为游玩内容丰富化、游玩方式多样化的“三维深入”模式，最终形成多年龄层交流的社区化、团体化的“多维交流”模式。与国际发展模式相比，我国的发展模式缺少了系统梳理儿童游乐环境的阶段以及扩充游玩空间的阶段，表现为：家校周边生活区域→专门游乐区→多年龄层交流。由此可得，随着社会的发展与变化，社区多世代人群共享的儿童游乐空间逐渐成为亚洲城市游乐空间的主要形态。

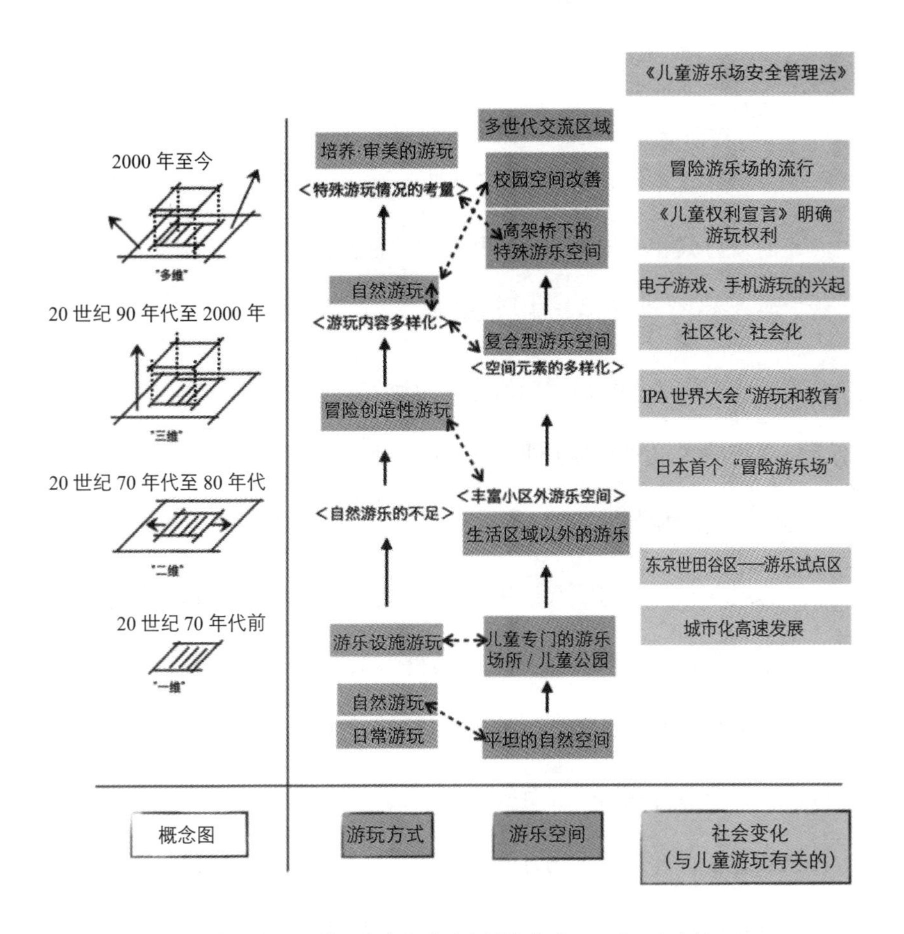

图 2.6　游玩方式与游乐空间的关系——以日本为例

2.4 讨论和总结

在本章中，本研究通过总结文献与研究相关历史，梳理了日本对儿童游戏方式和游乐场的研究和行政措施的变迁，并根据时间段考察了研究变化，提出了对研究的看法。

以前一些关于儿童游玩的研究将游玩方式和游乐空间作为独立指标，也有一些研究考察了两者之间的关系，但对两者之间的关系没有达成共识，因此有必要讨论两者之间的一致性。

从以往关于游玩方式和游乐空间的研究中发现，从整体上看，①游玩方式已经从日常游戏转变为自然游戏、游乐场设备游戏、冒险游戏和多样化游戏；②结合时代趋势，相关研究已注意到游玩的多样性，对自然游戏的研究有所增加，近年来则向育儿游戏和冬季户外游戏转变；③在游乐场方面，随着城市的发展，多世代共同互动的兴趣正在从自然生活区的游乐空间转向专门的游乐空间，如户外公园和广场，以及规划设计具有复杂空间元素和注重与当地社区联系的社区游乐区。其中，对滨水空间等游乐方式的研究是近年来研究的重点。

参照与儿童游玩有关的研究的时间顺序表，确定了从第一个时期到第五个时期的5个时间段。第一个时期是从20世纪30年代到50年代，是对儿童游戏的研究开始的时期，即“黎明期”。第二个时期是截至20世纪60年代的“海外学习期”，深受当时海外冒险游乐场的影响。第三个时期是“研究进展期”，从20世纪60年代到80年代，关于儿童游戏的学术研究不断发展。第四个时期，从20世纪80年代到2000年，是“多世代交流进展期”，此时游戏促进了区域内的交流。第五个时期是“游乐社会多样化期”，自2000年以来，社会对多样化的游玩方式和游乐空间的兴趣凸显。

儿童游乐相关研究与行政文件的研究结果表明，各时期的研究领域和问题都有变化。具体来说，从儿童游乐没有成为研究对象，到从海外引入游戏和冒险游乐场等，到日本的研究发展，再到现在为了应对社区破裂、出生率下降和人口老龄化、安全问题、代际交流等社会问题的多样化研究等。

游玩方式和游乐空间发生变化和分层。从 20 世纪 60 年代开始，当日本对儿童游玩的学术研究取得进展时，人们认为游玩方式和游乐空间一直在随着时代变化而变化，与围绕游戏的社会变化有关，并被描述为多层次的运动。关于游玩方式和游乐空间的变化和分层，从家庭和学校周围生活区到包括专门的游乐场的城市地区中游乐空间的扩大，游戏类型的多样化和向复杂的游戏空间的转变，再到使用促进代际交流的空间，都与社会条件有关，被认为是多层次的趋势。

基于上述内容，本研究认为研究日本的儿童游玩认知和设计目的的发展历程，有利于从儿童视角出发，创造有趣、有吸引力、高质量的游乐空间。

3

多世代游玩意象的历时性演变

——以日本造园学会作品选为例

插图 何雨露

3.1 本章研究背景和目的

近年来，快速城市化及新自由主义空间实践使得儿童的游乐空间和游玩机会持续受到威胁：城市中大量的儿童开放游乐空间被割裂分散；儿童游戏不得不集中在人为划定的学校、特定的儿童公园及居住小区附近；很多可供玩耍的道路、绿地、小区楼下等“灰空间”消失；此外，手机、游戏机等电子游戏的爆炸式“入侵”影响着儿童的生活学习状态。与此同时，家长们也逐渐忽略游乐对儿童健康成长的重要意义：为了确保足量的学习时间，家长们强制减少儿童户外游玩时间。儿童玩耍的时间被剥夺，邻里关系的薄弱化也使得儿童想要找到同龄的儿童一起玩耍越来越困难。因此，儿童游玩过程中不能形成游玩伙伴聚集的“游玩小组”；由互帮互助的游玩伙伴模式变为只能做相对简单、容易、一轮一轮的“人对物”的玩耍模式。正是这种“质”与“量”的双重影响，加剧了现代社会背景下儿童游玩环境的恶化。

尽管不少学者（如 Wan Hee Kim）一再肯定儿童在城市中户外游玩的重要性以及他们在城市游玩推动活动中处于主体地位，但是也不能否认儿童在城市规划决策过程中常常被忽视，在社会中是边缘群体。随着社会的发展、制度的完善及研究的进步，人们逐渐认识到儿童游玩在城市社会中扮演着重要角色：儿童的游玩活动与所有人都息息相关。儿童通常在游玩时并不会过多地考虑行为趋势或者目的，而是在儿童独特视角下根据游玩天性寻找好玩并可玩的地方，然后展开游玩活动。

为开展了解儿童游玩真实情况的实地研究，相关文献对儿童游玩及游玩空间进行多样化分类与分析，并强调在公园和其他的城市游戏区域中鼓励创造多风格游乐空间的重要性和必要性。研究报告显示，不同的游乐空间在特征上存在显著差异，如以亲近自然的游戏为主的空间和以其他类型游戏为主的空间。此外，游乐设施和人造广场的存在会对自然游戏的多样性产生负面影响，而自然元素的存在，如草坪、枯叶或与动物的接触，已被证明能促进儿童开展多种游戏。总而言之，世界各地的研究人员、城市设计师和景观设计师都已意识到将自然元素纳入游戏场地设计的重要性。

因此，今天的许多城市在游乐空间设计中加入了自然元素以增加游玩的多样性，如植物、滨水设施及创造性的人造游乐设施。为丰富空间形态，现代城市公园和广场设计大多也增加了自然元素。此外通过安装复合型游乐设施，营造地形起伏、创造不同组合的复合空间、添加不同材料与质感的铺装，也同样能够实现游玩多样化的目的。这种直接的方法本被认为是快速实现设计目标的捷径。然而，从设计的角度看，成人对于游玩类型的多样性判断可能与儿童视角下的有趣游戏并不相同。因此对于景观设计师来说，最重要的是设计不仅要增加游玩类型的多样性，而且要使儿童的游玩过程更加愉悦。

游玩方式和游乐空间特征的变化相辅相成，随着游乐空间的各类空间特征变化，游玩方式也发生变化，很多研究清晰地表明了游玩类型与游乐空间的空间元素之间的关系。在一项早期研究中，通过成人问卷调查得出他们童年在乡村和自然空间中的游玩情况，以此对比现在的儿童在高速发展的社区和社会中的游玩情况。结果表明，现在的儿童游乐空间单一且自然空间较少，游玩形态与数量较少。

随着建筑学、城市规划学以及风景园林学等学科的发展完善，与儿童相关的研究愈发受到重视。儿童的游玩形态（人的行为模式）与游乐空间（事物的特征）之间关系的基础研究尤为重要。成年人若想为儿童营造合适的游乐空间，就必须思考不同年龄、不同性别、不同教育背景、不同性格的儿童群体的游玩形态与行为规律。尽管对影响儿童游乐的因素有诸多研究，但是学界仍未对城市公园和广场设计中设计师的考虑因素给予足够关注，未考虑到他们的设计理念会随着时间推移而改变。然而将设计师的设计理念作为反馈是设计评价的重要组成部分。因此，对如何阐明设计师的设计理念并探究设计师的考虑对儿童游戏的影响，还有待进一步探索。

日本有许多对儿童游乐特别是自然游玩的实际行为调查，可以在这类基础调查中对儿童游玩的内容和场所的空间元素进行分类与归纳，并分析儿童游玩形态与空间特征之间的呼应关系。因此，在综合性公园和其他种类的城市游乐场所中，鼓励不同类型游玩方式下的空间营造就显得至关重要。本研究不仅考虑儿童游玩的行为和实际情况，还将游乐场所的性质与其环境之间的关系，乃至与社会之间的交互与交流纳入考量范畴。

3.2 研究对象及数据来源

前期调查显示，在近 20 年来，日本各地公园中的综合游乐场由于其游乐方式和游乐空间的多样性，比其他类别的城市小街区公园更能吸引儿童。为了阐明设计师在为儿童做设计时的设计理念，本研究选择了由日本造园学会（JILA）评估、鉴定和出版的日本景观设计作品。日本造园学会是日本景观设计领域权威的学术团体，每年都会出版权威的期刊，如《ランドスケープ研究》（景观研究）、《ランドスケープ研究オンライン論文集》（景观研究在线论文集）、《ラ

ンドスケープ技術報告集》（景观技术报告集）、《造園作品選集》（造园作品选集）等。

在申请注册时，根据学术团体正式成员的规划或设计完成景观设计作品；符合评选标准的作品将被刊登在《造园作品选集》中。日本每年都会评选优秀作品并将其刊登在期刊上，期刊在日本的景观设计领域起着主导作用，可为日后设计或研究提供参考。《造园作品选集》自1992年创刊至2019年，每两年出版一次，共出版14期。这14期均为A4幅面，每个案例用两页纸介绍，通过排版或根据作者的排版来介绍设计作品。所选作品大致分为以下几个部分：管理与交流、城市环境、生态、办公与商业空间、园林、校园、生活、日本造园学会奖（设计部）等。这些类别以年份为基础，根据设计的受欢迎程度或评审员的重视程度进行调整。由于作品是由日本造园学会学术团体成员设计和收集的，所以入选的作品不限于私人古典花园、开放绿地或面积大小。相反，它们包括社区公园、大学校园规划、工业园区、临时花卉节展览区、大都市公园、海洋生物公园、住宅区、城市开放空间等设计作品。这些作品大多是日本作品，也有少量是由长居日本的设计师设计的海外作品。

本研究从《造园作品选集》的14期中选出604件优秀作品，包括或有重复的年度奖项，除重复获奖的作品，作品总数为595件。然后从这595件作品中提取与游戏或儿童有关的作品，最终得到173件作品，经过汇总，结果如表3.1所示。此外排除特殊情况，如照片中的儿童路过，儿童的出现只存在于照片中，同时任何在作品标题或文字简介中没有提到的与儿童、游戏相关关键词的作品均不包括在内。所选的关键词包括儿童、孩子、小孩，游戏、操场、游戏区，学校、儿童公园、幼儿园，以及游戏设施，如滑梯、秋千、丛林健身房等。照片和计划明确指出游乐场设备和游乐区的分区案例也被纳入选择范围。

通过提取与游戏或儿童有关的作品，173件作品被保留作为研究对象并被转化为定量数据。《造园作品选集》中每件作品的内容都包括五个部分：标题、说明文字、设计图纸、照片及其标题，以及作品数据（图3.1、表3.1）。文章评审员的意见因为评审员具备与专业人员相似的设计理念和相同的立场，也被视为城市规划师或

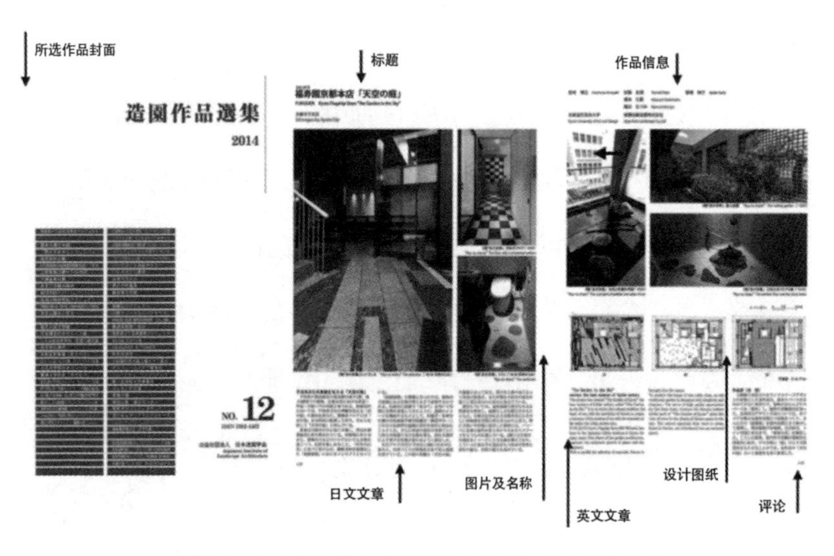

图 3.1　日本造园学会《造园作品选集》中的部分作品

表 3.1　日本造园学会《造园作品选集》作品内容分类

内容	具体信息
标题	作品地点、设计属性
说明文字	设计师的考虑（包括评估者的意见）
设计图纸	设计师的设计规划，包括平面图、立面图、图例或概念图等
照片及其标题	使用者利用情况及设施的图示说明
作品数据	建造属性、设计属性

景观设计师的设计理念。在173件作品中，作者根据作品的部分内容对游玩意象的各个方面进行了统计，以作为定量数据。

3.3 研究方法

笔者对日本造园学会的《造园作品选集》中的作品进行了分类分析，以明确在过去20多年中游戏模式和游玩方式的变化，以及设计师应该考虑哪些游玩方式。

首先，从14期选定的期刊中选出173件作品，按照游玩方式和空间特征进行分类，并将其特征作为1/0数据输入。对这些数据进行多元分析（数量化理论Ⅲ类），得到3条轴来解释游玩方式和游戏空间。笔者分析了这3条轴的样本分数随时间的变化，并明确了变化的趋势。接下来，利用获得的样本分数，对173件作品进行了聚类分析，并将它们分为5个群组，得到了各组在年龄过程中的变化。此外，通过盒须图明确了各组在新的 3 条轴上的分布和各轴的特点。

数量化理论Ⅲ类是一种多元分析方法，在城市设计和景观设计领域把数量化理论Ⅲ类和聚类分析方法用于各类定量分析的研究及应用。当数据（变量）不是特定数值，而是真 - 假类型或是 - 否类型时，通过这种定性多元分析，将是 - 否的数据转换为 1 或 0。聚类分析与主成分分析和因子分析的处理方法类似，均是为了将相似的类别变量组织在一起，但聚类分析是将相似的案例或样本划分为若干模式。在日本，多种分析方法常被结合使用。在采用数量化理论Ⅲ类后，一般采用聚类分析，将案例归纳划分为若干模式，这种分析方法通常应用于问卷调查、景观偏好与评价、景观感知、居民意识等相关研究，此类研究主要用于调查景观使用者对各种答案的倾向性。

3.4 游玩意象演变的聚类量化模型

根据先前关于日本游乐空间的游玩方式和空间特征间的关系研究，通过儿童视角分别呈现儿童游乐空间中自然元素的重要性、日本的特殊游玩条件、儿童导向的游玩和单独的游乐空间类别，包括玩伴、游戏物品、游戏设施、道路、公园、学校、附近住宅等。然而，学界鲜少有结合设计者立场将游玩方式和空间特征作为设计元素进行分类的研究。为了展现设计师的设计理念，本研究通过将这些设计元素并置以揭示其相互关系，来确定“游玩意象”作为新概念的使用。

“游玩意象”分为4个部分：社会性、成长性、独立性和自然性（表3.2）。这4个部分根据14个分类依据，从个人到社区，从生理到心理，从公共到专属，从城市到自然，列出了所选作品中对游玩意象的描述，包括单独/共同游玩、家庭聚会、集体教育、区域活动，身体性、创造性、感受性、开放性，空间共享、点状分散空间、专门区域，城

表 3.2　游玩意象组成要素

		指标选取		分类依据	描述
游玩意象	游玩方式	社会性	单独 / 共同游玩	按照社会属性程度	一人玩或儿童同伴之间玩：玩玩具、滑滑梯等
			家庭聚会		和家人一起游乐：野炊、登山远足、滑雪等
			集体教育		集体活动：自然教育、学校活动、足球队等
			区域活动		社区交流：地域互动、节日庆典、园艺博览等
		成长性	身体性	按照儿童成长发育影响程度	日常身体活动类游乐：跑跳、来回追逐
			创造性		能自创游玩方法的游乐：冒险游乐设施、无动力游乐设施、可参与式游玩、纸牌类
			感受性		与自然接触的陶冶情操类游乐：赏花、观鸟、喂鸽子
			开放性		其他开放类游玩方式：极寒地游玩、残障儿童游玩等
	游乐空间	独立性	空间共享	按照与其他世代的人群共用空间程度	与其他世代人群共用游憩空间：自然公园、城市绿道、公共广场、商业设施、街道
			点状分散空间		儿童游乐空间与其他世代使用空间无明确分界：健身器械及周边，独立放置的游乐设施等
			专门区域		为儿童划分一定范围的专门游乐区域：小区游乐场、冒险游乐区、主题乐园、口袋公园
		自然性	城市人工地	按照空间人工程度	城市公园、大型游乐设施区、人工喷泉、雕塑等
			二次自然地		二次自然地：露营地、农耕地、社区花园种植
			自然地		自然元素丰富：山河湖泊、森林公园等

市人工地、二次自然地、自然地。

社会性、成长性、独立性和自然性4个子类别相互独立，故日本造园学会《造园作品选集》中的每个案例均从这4个维度进行量化，被分别计算4次。此外每个子类别下的不同类别也是独立于其他类别的，而且每个子类别下的不同类别也相互独立，形成独立的定量数据。

3.5 游玩意象的时空演变规律

1. 定性变化模式

首先，根据上述14个类别，将173个案例中的游玩意象作为定性数据来分析。然后，利用数量化理论Ⅲ类对这些定性数据进行进一步分析。结果如表3.3所示，第二轴的累积率高达48.6%。结果的定量趋势显示在表3.4中。通过聚类分析得出表3.4中173个案例的

表 3.3　新三轴固有值、命名与解释

轴名称	固有值	贡献率 /（%）	累积率 /（%）	新轴命名	轴解释的指示解释（正 / 负）
第一轴	0.5589	22.4	22.4	游玩多样性	设施游玩 / 自然因素游玩
第二轴	0.3377	13.5	35.9	游玩可达性	自然活动游玩 / 附近或远途旅游
第三轴	0.3182	12.7	48.6	游玩主动性	身体性 / 创造性

表 3.4　新三轴的分类得分

第一轴		第二轴		第三轴	
创造性	−1.443 146	开放性	−2.825 095	身体性	−1.800 892
点状分散空间	−1.433 350	二次自然地	−1.482 523	空间共享	−1.045 178
单独 / 共同游玩	−0.913 674	区域活动	−1.224 779	城市人工地	−0.383 917
城市人工地	−0.545 929	点状分散空间	−1.117 553	单独 / 共同游玩	−0.300 275
身体性	−0.524 196	城市人工地	−0.311 103	区域活动	0.114 991
专门区域	−0.413 860	单独 / 共同游玩	−0.064 842	开放性	0.390 904
家庭聚会	−0.252 772	空间共享	−0.063 339	专门区域	0.433 130
开放性	0.154 354	集体教育	−0.021 575	集体教育	0.485 305
自然地	0.740 552	身体性	0.101 950	感受性	0.546 422
空间共享	0.853 420	创造性	0.126 091	自然地	0.593 560
区域活动	0.959 481	感受性	0.392 649	家庭聚会	0.609 530
感受性	1.536 565	专门区域	0.406 055	二次自然地	1.268 321
集体教育	1.592 484	自然地	3.200 469	点状分散空间	1.995 807
二次自然地	1.899 077	家庭聚会	4.078 318	创造性	2.184 787

新三轴样本分数，从173件作品中划分组别。聚类的方法是沃德法，衡量区间的标准是欧氏距离。被选中的173件作品被分为5组。最后，根据3条新轴确定了每组的定性特征，并推断出时代变迁中定性特征的变化趋势。

数量化理论Ⅲ类对新三轴的173件作品的评分显示了随着年龄的变化而产生的量变和整体趋势，而年龄聚类分析产生的5个组则显示了质变和模式。

首先，根据数量化理论Ⅲ类的类别样本分数（表3.4），对新三轴的数据解释如下：这是一种将相似类别合并成新的类别（轴）的方法，根据该轴的意义基准，在某一轴上通过正负分数来判断。因此，需要用一个轴上的正负数值来命名该轴。通过对轴的解释，从14个游玩意象类别（观察变量）中衍生出3个新轴（潜变量）。在表3.4中，第一轴的上侧（负数）是位置性趣味设备游戏，这表明游戏类型的种类很少，原始类别是创造性和点状分散空间。下侧（正数）是自然元素游戏，这意味着有多种游戏类型，原始类别是感受性、集体教育和二次自然地。因此，第一轴被确定为“游玩多样性”。

第二轴被命名为“游玩可达性”，用于区分自然活动游玩或附近的游戏活动（消极的，如自然观察），以及远途的旅游活动（积极的，如户外家庭旅游）。在这条轴上，明显的负面原始类别是开放性，而正面原始类别是家庭聚会。第三轴用于区分身体性（消极的）和创造性（积极的），它被设定为“游玩主动性”的区分轴。明显的负面类别是身体性，这导致了被动的游戏。在这条轴的另一边，积极的原始类别是点状分散空间和创造性，它提供了主动的游戏。通过上述解释，从14类游玩方式（观察变量）中得到了新三轴（潜变量）。

然后，通过创建图呈现游玩意象两年的量化趋势以及时间变化。在将数量化理论Ⅲ类结果下的新三轴的样本分数设置为每隔一年（期刊每期间隔两年）后，将样本分数的数据从小到大排序。通过找到每两年一组数据的最小值、第一四分位数、中位数、第三四分位数和最大值，可以画出3条轴图，其趋势见图3.2。

从表3.4、图3.2中的数据，可得出以下游玩意象的定量趋势。

第一轴代表游玩多样性，呈现出在过去几十年里整体的平均上升趋势。整体分散，部分集中。此轴明确了设计中不断增加的游玩

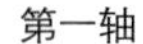
第一轴

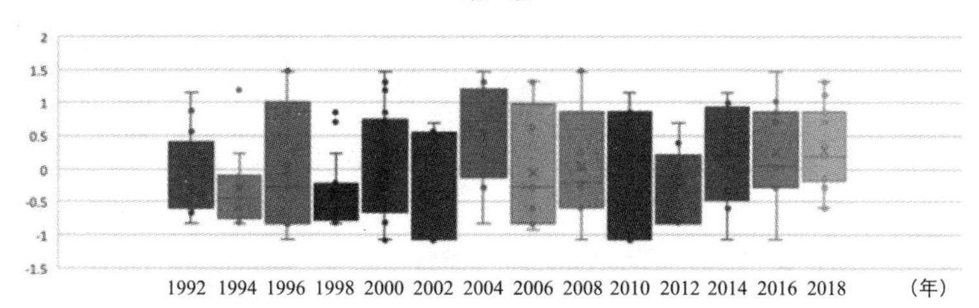
2
1.5
1
0.5
0
-0.5
-1
-1.5
1992 1994 1996 1998 2000 2002 2004 2006 2008 2010 2012 2014 2016 2018
（年）

第二轴

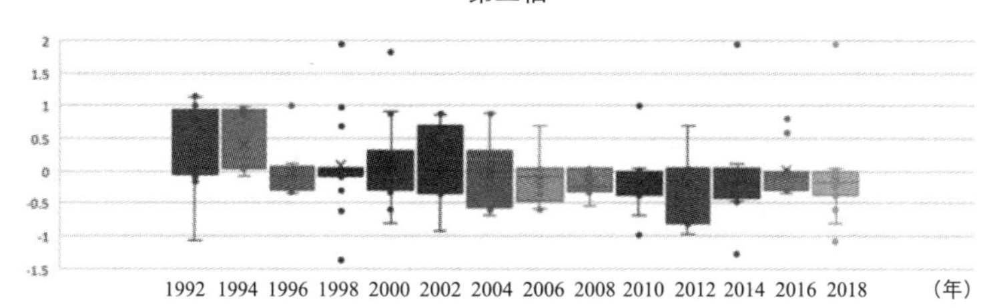
2
1.5
1
0.5
0
-0.5
-1
-1.5
1992 1994 1996 1998 2000 2002 2004 2006 2008 2010 2012 2014 2016 2018
（年）

第三轴

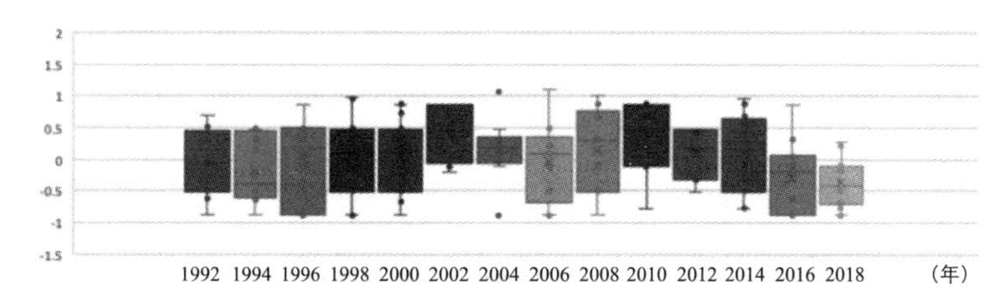
2
1.5
1
0.5
0
-0.5
-1
-1.5
1992 1994 1996 1998 2000 2002 2004 2006 2008 2010 2012 2014 2016 2018
（年）

图 3.2　数量化三轴的时代变化性

类型多样性。其中，每组年度数据的中位数、最小值和最大值在较大范围内变化。集中分布出现在 20 世纪 90 年代初，特别是 1992 年，而在 2000 年分散范围较广，直至 2010 年仍保持广泛分布。因此，总的来说，随着时代的变化，游玩多样性急剧增加，多样性的变化程度（丰富性）随之显著增加。

第二轴代表游玩可达性，它表明了不同游玩发生的位置和距离。除了 20 世纪 90 年代初和 21 世纪初，整体数据分布为负数，这表明人们总是首选城市里他们生活区域附近的房屋、住宅、学校、公园等为儿童提供自然活动的游戏空间，而不是带儿童外出远游。其中，每组年度数据中的中位数保持一致或基本不变，而最小值和最大值变化显著，这说明人们在日常生活中喜欢选择相似的游玩方式。同时，离散数据比其他坐标轴多，说明作品的案例选择存在极端情况。除 1992 年和 1994 年外，随着时间的推移离散数据出现下降趋势。最特殊的 1998 年离散数据最多，很少集中，但从最小值至最大值都呈现平均分布趋势。

第三轴代表游玩主动性，随时间变化的几组年度数据的分布大致相同，但略有变化。其中，中位数在2002年之前稳定攀升，在2004年之后有所下降，最大值在1992年到2000年期间一致，其余则呈现不规则变化。此轴阐明了与游玩或游乐空间相关的设计作品已从身体游戏活动转变为创造性游戏，再回到身体游戏活动（截至2018年）。同时，离散数据不足，这意味着在作品的案例选择中很少有极端的情况。

结合三轴变化分布的特点，划分时间大致基于21世纪初，即2002年和2004年左右。除了1998年是各年组中离散数据最多的年份外，21世纪初的大约5年内，不稳定性和波动较大。在这之前和之后均呈现稳定的趋势。在三轴纵向比较中，第一轴和第三轴的数值总体上相差不大，而第一轴的数值在21世纪初的中后期以后超过了第三轴的数值。除20世纪90年代初，第二轴的平均值一直较低，这意味着设计者对儿童游玩类型的多样性和行为主动性的考虑远超出对游戏可达性的考虑。

释义新三轴可得，游玩意象三要素为游玩多样性、游玩可达性、游玩主动性。

2. 定量变化模式

在对整体上随年龄变化的定量趋势进行数量化理论Ⅲ类分析后，通过聚类分析对三条轴的173个案例的样本分数进行分组。采用的聚类方法是沃德法，衡量区间的标准是欧氏距离。被选中的173件作品被分为5个组。先分析每组的特征，然后分析这几十年中哪一组每两年占多数，可以观察到质的变化模式。

首先，从各组（按聚类分析法分组）年度入选作品数量的结果来看，由于每两年入选作品的总数不一样，所以以年度内的百分比来计算，总体百分比变化趋势见图3.3。

第1组（G1）呈现出上升、下降、再上升、再下降的周期性趋势，在1994年、2008年和2018年达到了该时期的高点。此外，整体数值也高于其他组别。第2组（G2）在2002年之前呈现出上升的趋势。21世纪初后，在2010年和2012年出现小幅反弹，但呈现出持续下降的趋势，在2018年达到最低点。第3组（G3）从1992年起呈现平稳下降趋势，整体数值低于其他组别。第4组（G4）随着时间的推移呈现出上升的趋势。从20世纪90年代初的较低数值到2018年

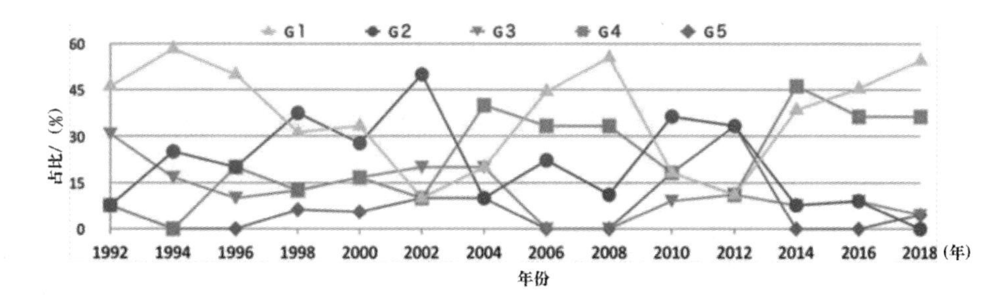

图 3.3　5 个组年度百分比变化趋势图

的较高数值，其幅度有所增大。第 5 组（G5）呈现的趋势是稳定在一个最低值，总体平衡但略有波动。然而，在 2010 年和 2012 年前后，出现了较大的数值变化。

其次，将 5 个组中每个类别项目的游玩方式案例数列出来。由于每年和每组的案例数都不一样，因此我们通过一个类别内和一个组内的比例来把握特征。由此判断出每个类别中百分比较大的群体是有特点的，并重点关注那些数量突出、百分比在 75% 以上的群体（表 3.5：突出▲）。由于在上述数据收集中，社会性、成长性、独立性和自然性这四个大类是相互独立的，因此，一个组内的百分比是按每个大类的总和计算的。其中，数值在 75%~89% 的被认为具有一般的特征，数值在 90%~100% 的被认为具有较强的特征（表 3.5）：G1 是“身体性 + 城市人工地 + 单独 / 共同游玩”，G2 是“创造性 + 城市人工地 + 单独 / 共同游玩”，G3 是“自然地 + 感受性”，G4 是“感受性 + 二次自然地”，G5 是“开放性 + 城市人工地”。

从图 3.4 可以看出各组在各轴线上的分布和 5 个组的显著特征（最弱和最强），总结如下：在第一轴上，G4 和 G2 是正负两个终端，

表 3.5　5 个组的特征

	社会性				成长性				独立性			自然性			总结
	单独/共同游玩	家庭聚会	集体教育	区域活动	身体性	创造性	感受性	开放性	空间共享	点状分散空间	专门区域	城市人工地	二次自然地	自然地	
G 1	◎				⊙							⊙			身体性 + 城市人工地 + 单独/共同游玩
					▲										
G 2	◎					⊙						⊙			创造性 + 城市人工地 + 单独/共同游玩
						▲									
G 3							◎							⊙	自然地 +感受性
														▲	
G 4							⊙						⊙		感受性+二次自然地
													▲		
G 5								⊙				◎			开放性 +城市人工地
								▲							
	◎一般，75%~89%　⊙ 较强，90%~100%　▲突出：最大超其他数75%以上														

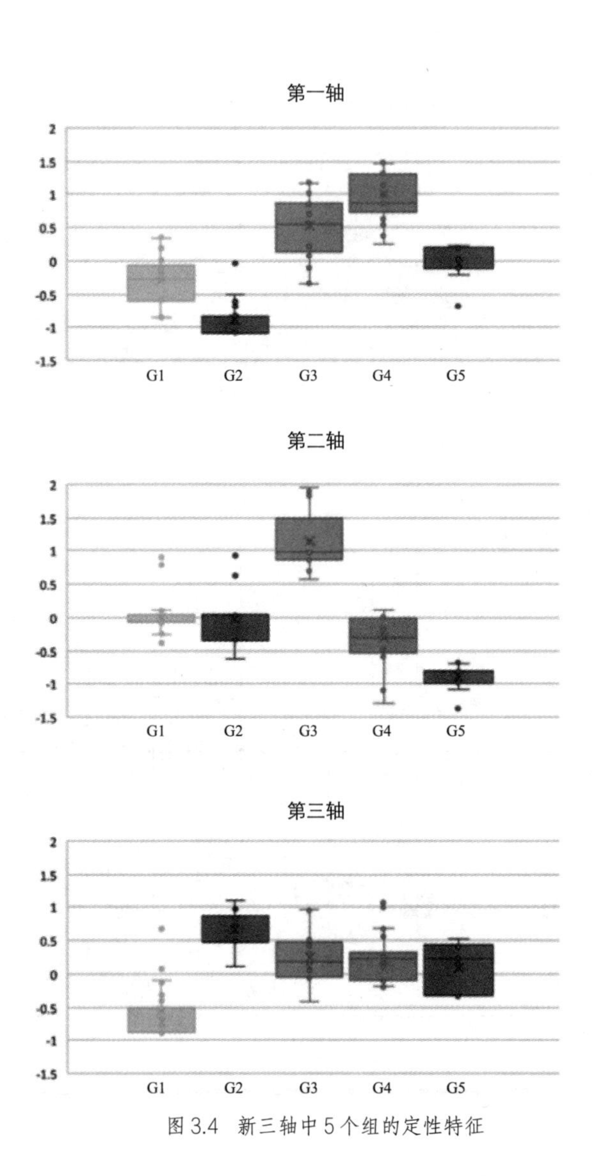

图 3.4　新三轴中 5 个组的定性特征

这意味着 G4 是最多种类的游玩方式，G2 是最少种类的游玩方式。此外，G3 和 G4 为正，而 G1 和 G2 为负，G5 接近于零。在第二轴上，G3 为正，这代表了远程旅游、旅行或观光在儿童游戏的可及性方面的游戏倾向。其他组别（G1、G2、G4、G5）都为负，这意味着儿童倾向于在生活圈附近与儿童自然地游戏。在第三轴上，G1 也明显区别于其他组别（G2、G3、G4、G5），分布在负值区域，这标志着身体游戏更关注儿童的身体活动和行为。其余各组也有正数或中间零的倾向，数值最高的是 G2，它代表创造性游戏，通过在游戏设施中使用现代技术或根据设计师的奇思妙想，使儿童的游戏更加有趣和愉快。

表 3.6 总结了各组的定性特征。G1 标志着低可玩性（游戏的主动性较低）和身体活动的游戏模式——运动；G2 标志着游戏的多样性较低，但创造性的游戏模式较多。G3 标志着儿童家庭的非日常游戏和遥远的甚至是偏僻的旅游、旅行或观光游戏——遥远的旅行。G4 标志着游戏的多样性较高，包括大量添加自然元素的游戏。G5 标志着儿童的日常游戏和附近的自然体验活动——附近自然活动。

表 3.6　5 个组的新三轴（可玩性三角度释义）

	可玩性三角度		
	游玩多样性	游玩可达性	游玩主动性
G1	—	—	身体性
G2	单一	—	创造性
G3	—	家庭聚会	—
G4	多样性	—	—
G5	—	日常/开放/二次自然/社区	—

最后，根据上述结果，结合图3.3中5个组年度百分比变化趋势，同时考虑到组内比例方面的特点，可以得出以下结论（历时性演变的定性变化模式）。

组1（G1的趋势）：身体游戏，在1992—2018年，反复上升和下降，并在20世纪90年代初、21世纪初中期和21世纪10年代末达到高峰，特别是在2018年。很明显，这种游戏形式被反复使用，不受时代的限制。

组2（G2的趋势）：在2002年及以前，与游戏相关的多样性和创造性较少的组合呈现出增长的趋势，表明它经常被设计师用于参考，为儿童设计多样性和创造性较少的空间。然而，在那之后直到2018年，这种组合出现次数明显减少。作品很少，几乎为零。这表明这种游戏方式在现今的城市生活中仍然缺乏，因为设计师专注于提升游戏类型的多样性，可能忽略了游戏的创造性和可玩性（有趣）。因此，可以进一步思考：游戏的乐趣（可玩性）不等于游戏的多样性。

组3（G3的趋势）：旅游和与家人一起旅行式的儿童游戏在所有时代都很少被考虑，在20世纪90年代初达到顶峰，并随着时间的推移逐渐减少。

组 4（G4 的趋势）：自然元素多样性的游戏呈现上升趋势，并在近 20 年内急剧增加，这表明随着研究和实践的进行，设计师意识到自然元素的多样性可以带来游戏类型的多样性，也意识到自然元素在设计中的重要性。

组 5（G5 的趋势）：感受或接触附近的自然，无论在什么时候，都呈现出低数值。在 21 世纪 10 年代早期，有大幅度的增长。这表明这种类型的游戏还没有成为设计师为儿童设计游戏时的主流。

此外，城市人工游戏和邻近游戏总是被放在一起，因为类别样本分数总是很接近（表 3.5）。这表明这种组合模式构成了基本的游戏模式。例如，在生活圈周围的公园和住宅区里简单和小型的游戏设施。通过分析日本造园学会的部分作品，我们了解到设计师在为儿童设计时总是考虑到一些方面，其中包括“游玩多样性”“游玩可达性”“游玩主动性”，笔者将其作为本研究中轴的基本设置。明确了“运动”“多样性和创造性”“遥远的旅行”“多样性”“自然活动”在 3 条轴中构成了 5 种变化模式和 1 种常见的基本组合。

3.6 讨论

1. 游玩方式的变化

通过用数量化理论Ⅲ类和聚类分析法分析游玩方式的变化，将173件入选作品用新的变量轴分为5种类型，并显示其在过去20多年中特征的变化。

第一，作为一种普遍的模式，单独/共同游玩和城市人工地的结合在日常生活中经常发生，这在过去20多年中每十年都会出现一次。创造性和基础游戏设施的结合，使得较少的游戏类型和较高的可玩性也成为一种常见模式，每十年出现一次，但自2014年以来略有下降。

第二，景观设计师与儿童游玩和游乐空间的研究人员保持同步，他们已经认识到自然元素在促进游戏多样性方面的重要性。而且随着时间的推移，这种情况似乎更明显。

第三，多年来，游玩的“身体性”趋势也变得更加明显。

第四，“游玩多样性”并不完全与“可玩性”（其含义更接近于游戏的乐趣）相对应。设计师不仅应该关注通过添加自然元素来增加游戏方式的多样性，还应该关注儿童能够从他们的角度享用这些元素的方式。在未来，设计师将倾向于通过先进的技术进步来提高可玩性、创造性，例如在地面上设计充气蹦蹦云，供儿童攀爬和跳跃。

2. 游玩模式的变化

本章介绍了 20 多年来设计师对儿童游玩的看法以及他们在规划和设计游乐空间时设计理念的变化情况。在认识到自然元素存在的重要性和增加各种设计元素以提高游玩多样性的同时，设计师们深入思考设计方法，为儿童创造更多好玩的游乐空间。此外，研究展示了与儿童游戏相关的 5 种变化模式，阐述了游戏的“身体性”和“单独 / 共同游玩”与“城市人工地”的基本结合构成了城市开放空间中儿童游玩规划和设计的基本模式。这表明儿童在其生活空间附近的日常活动是其游玩的基础。此外，近年来，游玩的“身体运动玩法”也在增加。这种只让儿童身体移动的游戏方法已被反复使用，不受年龄限制。根据模式 4 和模式 5 的结果，作为实践者的设计师们也承认与自然有关游戏的重要性日益凸显，而且这种趋势极大可能在未来继续增强。

3. 通过与自然的接触，增加多样性和可玩性

增加各种设计元素以丰富儿童游戏是设计规划时采用的普遍方法。近年来城市住宅小区数量增多，人们对自然因素重要性的认识日益加深，“创造性”和“点状分散空间”的发挥空间已然减少。然而，在过去的 20 多年里，单调的基于基地的冒险 / 创造游戏的模式一直存在，增加自然因素和追求游玩（内容类型）的多样性实际上并不一定能增加可玩性。设计师应从儿童角度出发，为儿童找到有趣的游玩方式，而不能简单地添加元素。本章显示的游玩方式的变化可以被理解为不同年龄段的模式趋势。然而，游玩方式的变化是否与儿童游玩的可玩性直接相关仍有待证实。此外，如何在游玩元素的多样性和游玩的简单性之间保持适当的平衡也是未来研究需要关注的问题。

本章所提出的关于儿童游玩和游乐空间的结论仍然是设计师的

观点。尽管设计师认识到自然因素的存在以及在设计中加入各种设计元素以提高游戏的多样性的重要程度，但仍然需要思考如何为儿童设计有趣、有创意和可玩的空间。本研究展示了与儿童游戏有关的 5 种变化模式和 1 种基本组合。因此，基本组合，即游戏的“身体性”，以及“单独 / 共同游玩”和“城市人工地”的组合，是设计师为城市开放空间进行儿童规划或设计的一般方法，因为该基本模式随着时间的推移一直处于高数值的水平。此外，这也表明，儿童在生活圈附近的日常行为是其游玩基础。这也与现代社会中各种人工制作的游乐设施或设备（如住宅区或城市公园中的一些简单的游戏设施：丛林探险、滑梯、单双杆、秋千、旋转木马等）密不可分，这与前人研究结果相吻合。

3.7 结语

游玩中的“身体性”（身体游戏）近年来受到人们的追捧，随着时间的推移它呈现反复起落的趋势。这种游玩方式——只是让儿童的身体活动起来——可以被反复使用，且不受时间限制。当进一步将 14 个原始类别与数量化理论Ⅲ类分析和聚类分析的结果结合起来时，单独 / 共同游玩和城市人工地的组合——显然也是在日常生活中被经常使用的，因为它们在过去 20 多年中每十年都会出现一次。此外，创造性和点状分散空间的游戏组合，较少被设计师使用，但具有很高的可玩性，几乎是每十年出现一次的正常模式，但自 2014 年以来，它已经呈现逐渐下降的态势，在 2018 年到达谷底。这意味着创造儿童自己的游玩方式（可玩性）与游乐空间的规模或质量并不冲突；仅仅通过设置有趣的游玩设施，用植物规划可变化的地形，设立一些冒险游乐设施，也可以使儿童的游玩变得愉快。据推测，其下降的趋势可能是因为在现代社会中，这种与儿童游玩有关的设计往往需要很高的天赋、奇思妙想，需要花大量的时间去调研分析场地或居民的各种生活方式以及周围的环境，甚至尝试新的先进手段，从而使设计作品更加有趣，难度较大。因此，简单地加入各种元素来丰富儿童的游戏，已然成为设计或规划的一种有效而普遍的方法。近年来，城市公寓楼住宅用地的增加，以及对自然元素重要性认识的提高，已经使“创造性”和“点状分散空间”游乐空间减少。在未来，这将是设计师需要重点考量的部分。因此，应该鼓励有才华的设计师发现有趣的方法，使儿童自己创造，而不是单调地在设计中加入大量的元素。至于对自然元素在设计中的重要性的认识，研究人员已经注意到需要加入自然元素来提高多样性。根据模式 4 和模式 5 的结论，甚至从业者和设计师也认为，与自然相关的游戏体验的重要性已经增加，并且在未来可能会持续增加。

通过分析游玩意象的演变模式可得出以下结论。第一，单独/共同游玩和城市人工地的组合在日常生活中很常见。创造性和点状分散空间的组合以及玩法较少但可玩性高的组合，也是每十年都会出现一次的普遍模式，但自2014年以来其呈下降趋势。第二，日本的景观设计师已经认识到自然元素对提高游戏多样性的重要性，并与儿童游玩方式和游乐空间的研究保持同步。随着时间的推移，这一现象逐渐增多。第三，游戏中的“身体性”（身体游戏）最近受重视程度最高，其次是时间。第四，本研究指出：设计师可能不会将“游戏多样性”完全等同于“游戏可玩性”。设计师不仅要通过增加自然元素来提升游玩方式的多样性，还要关注如何使游乐空间更具有可玩性，以及如何从儿童的角度来鼓励儿童游玩。随着科技的发展，设计师将提高游戏可玩性、创造性，如在地面上设置充气蹦蹦云，供儿童攀爬和跳跃，以创造更多可玩，具有冒险性、探索性的游乐设施和多变的游乐空间，这也将成为未来的新兴趋势。第五，过度设计的情况在现代社会普遍存在。学习如何进行适当的平衡，不过度设计，值得在未来研究中进行探讨。

上述特征描述了几十年来设计师为儿童设计游乐空间的设计理念的变化。另外，除了多样性，这些模式还应该紧密结合空间性和游戏性之间的关系，随着技术的进步，游乐空间对城市地区的儿童将更具吸引力。由此可知，上述具体考虑将根据儿童活动特点、空间属性和其他功能的要求，影响儿童的户外游戏性和发展性游戏，并为专业人员和设计师提供设计参考。

4

“可玩性”游乐空间建构机制与优化路径研究
——以日本多世代游乐空间为例

插图 何雨露

4.1 本章研究背景和目的

基于前一章得出的日本游玩方式与游乐空间的互动机制及时空演变规律，本章运用调查文本统计方法来测算可玩性视角下游玩意象的综合类型指标，定量分析可玩性各个维度的变化特征并释义。

与儿童游乐相关的学者与设计师在研究与实践当中，通常将游乐空间的多样性、复合性与丰富性，甚至空间的自然性，等同于适宜儿童游乐的环境。但不少既往研究与实践经验表明，儿童非常享受攀爬类、跑圈类的身体性游乐方式，而能够提供这类游乐方式的空间并不具备多样性与丰富性。因此，空间多样性和自然性等并不能够充分代表儿童视角下的好玩、耐玩、有魅力等。故而，城市共享空间配置不应一味地增加多样且自然的景观元素，而是应该从儿童空间需求视角探讨儿童所定义的好玩、耐玩、有魅力等有可玩性的空间。因此，通过调查研究儿童对共享游乐空间的可玩性的理解与认知，构筑多世代背景下的“可玩性解释理论”就显得尤为必要。

本研究使用学术论文、书籍、行政文件（包括法令在内）和专业期刊来解释可玩性的概念以及其在儿童游玩和游乐空间领域的应用。研究证实其随着时代的发展而变化。此外，本研究还概述了日本造园学会的作品案例，试图证明设计师的兴趣和考虑往往会随着时代的变化而变化，但可玩性并不具有多样化的特征（该结论与将游玩方式和游乐空间整合为游玩意象的概念有关），同时提出对未来研究具有促进作用的研究方法。

本章重点介绍前一章未涉及的日本造园学会作品选中“设计师本人撰写的设计说明和评委评语”的文字部分，以及游玩意象（游玩方式）的变化是否与从可玩性角度看到的变化、设计师具体描述的兴趣和考虑的变化，以及设计师的思维一致。另外，本研究总结了游玩变化，并从儿童可玩性的角度进行形象化的阐释。

作为本书研究材料的日本造园学会作品选是日本景观领域优秀设计师的实用作品集，具有供其他设计师借鉴的重要作用，并已成为众多设计师所支持的设计理念。在此基础上，本章对 173 个儿童游戏案例的设计说明进行了考察，关注了各年龄段设计师的设计理念的定义、分类和变化，以比较文字之间的关系与游玩意象的变化，补充设计理念和设计考虑的细节变化，探索游玩意象与可玩性的关系。

4.2 研究方法

1. 量化游玩意象视角下的可玩性的类型指标

通过对儿童游玩行为、儿童游乐空间绘图的调查以及问卷调查，得出文本信息并提取关键词，结合各类型公共空间的游玩方式与游乐空间特征的指标，用分析软件统计并量化游乐综合类型指标，绘制各维度的游乐年代变化可视化图。

2. 构成可玩性的各维度释义

基于游玩可视化方式，选用 KH Coder 软件对调查文本进行对应分析，绘制共现关系图和中心性词汇出现频率图，找出城市游乐环境在不同空间类型、游玩方式、时间等条件下的变化特征规律。将变化特征分析拆解为各个维度并加以释义，量化维度指标，并细化每个维度的概念定义。从可玩性各个维度解析儿童对游乐的具体需求，并从维度调整角度对日本及其他东亚国家的城市游乐空间整体布局与优化给出策略建议。

以往针对设计者的设计理念和设计考虑的分析论文很少，对儿童行为、认知、心理等方面的问卷调查分析较多。本章重点关注设计说明（说明文字），以反映设计者无意识或有意识思考的儿童游玩偏好，探索详细的术语使用、设计倾向和设计理念之间的关联。本研究将 1992 年至 2018 年的 173 件园林作品转化为文本数据，包括说明文本和评价文本、照片说明文本和示例概念图。对于定量文本分析，使用了由 Koichi Higuchi 提供的 Mac 版付费软件“KH Coder”（http://khcoder.net）。

定量文本分析是一种使用定量分析来组织或分析文本类型数据并解析其内容的方法。KH Coder 是一种用于文本类型数据的定量分析的软件。KH Coder 是非结构化文本分析软件，使用它可得到词汇出现频率图，也可将不同维度的聚类词汇以可视化的方式呈现。

（1）设置儿童和游戏的文本组成。

上述 173 件与儿童游戏相关的作品由标题、说明文本、设计图纸、照片及其标题，以及作品数据组成。在本章中，与儿童游戏相关的说明文本由这些作品的设计说明（来自设计师）、作品回顾（来自作品选的评委）、照片的设计理念和标题，以及概念图说明共同构成。

（2）设置儿童和游戏的文本范围。

为了尽量明确设计师的设计意图，需要设置描述儿童玩耍状态的文本范围，而不是设置描述游乐设施布置方法的文本范围。选定基准的关键词，如表 4.1 所示。设计考虑的是与儿童游玩意图密切相关的问题，如儿童的游戏是中心、儿童想要什么样的空间（不包括设计方面的考虑和如何布置游乐设施）、儿童想怎么做、应该营造怎样的氛围等。因此，只选择包含游戏这两个关键字的语句。首先，如果存在与儿童相关的关键字或与游戏相关的关键字，则以与儿童和游戏相关单词中的标点符号为节点从每个案例中提取文本。另外，由于标点符号的范围较大，为了进一步排除与儿童玩耍状态无关的文本，在与儿童和玩耍相关的单词中以逗号为单位进一步缩小文本范围。此外，笔者还进行了相应的增减调整，以提取关于儿童游戏的准确文本。

表 4.1 选定的基准的关键词[①]列表

关键词	说明
子供，こども，子ども；児童，園児，幼児，学童，小学生，障害児，乳幼児	主体称谓
遊ぶ，遊び；あそぶ，あそび；遊べる，あそべる；遊べ，あそべ	玩耍状态
遊ぼう，あそぼう；遊んでいる，あそんでいる	

①选定的基准的关键词中文释义如下。

子供，こども，子ども：儿童，小孩儿，小孩子。

児童：儿童。

園児：托儿所、幼儿园的儿童。

幼児：婴儿。

学童：小学生。

小学生：小学生。

障害児：残疾儿童。

乳幼児：乳儿和幼儿，学龄前儿童。

遊ぶ，遊び：玩，游玩（动词基本形）。

あそぶ，あそび：玩，游玩（动词连用形）。

遊べる，あそべる：玩，游玩（动词可能形）

遊べ，あそべ：玩，游玩（动词命令形）。

遊ぼう，あそぼう：玩，游玩（动词意志形）。

遊んでいる，あそんでいる：玩，游玩（动词连体形）。

（3）使用 KH Coder 进行分析。

KH Coder 使用多元分析作为定量文本分析的方法创建编码规则。这是一种基于追求假设验证和问题意识的方法。使用自动设置软件 KH Coder 3 进行分析，提取资料与调查文本的关键词并分类，将其转化为图形变化模式，以游乐可视化的方式体现。

对于意义相同但又分开的单词，统一文本数据，对已经分开的复合词（孩子、分层、景观、动线、绿植、人工喷雾（降温或者造景）等），强制提取单词，将两者正确提取为一组含义。使用 KH Coder 的“Extracted Word List”命令，提取名词、sa 变名词、形容词性动词、动词、形容词，并以年份为段落，这样可以整体把握单词的过渡和趋势。接下来把 20 多年中所有文本的共现网络，组织成对可玩性各维度概念的解读，以大致把握共 14 年度的共现网络的差异和变化。最后，通过编码提取概念，并在可玩性各维度的聚合和过渡中明确概念。通过历时性分析，能够获得整体视角并探索特色部分（见图 4.1）。KH Coder 提取的“对应分析”的设置如下。

要提取的词性是名词、sa 变名词、形容词性动词、动词和形容词。

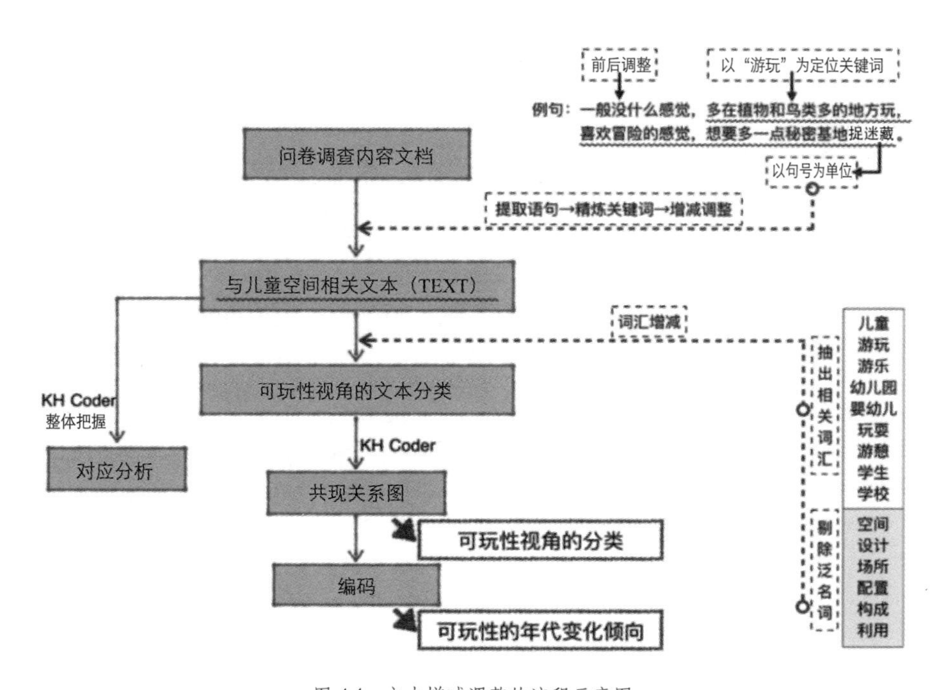

图 4.1　文本增减调整的流程示意图

总结单词时，以一个段落为单位，其中包含每年的儿童、游戏文本。

最少出现次数：5；最少文字数量：1。

用于分析的数据表（按年度划分）：提取词 × 外部变量。

使用具有显著差异的单词进行对应分析：上位 120 单词。

被强制连接提取的词：孩子、分层、景观、动线、绿植、人工喷雾（降温或造景）。

本研究使用 KH Coder“共现网络”命令，以逗号为单位分析句子，确认词之间的关系（共现网络），掌握行为特征。“共现网络”是将共现性强的词按照相似的出现模式用实线连接起来的图，即共现程度，可以直观地掌握词之间的关系。使用“共现网络”命令时的详细设置如下。

共现网络命令设置：

要提取的词性是名词、sa 变动词、形容词性动词、动词和形容词。

总结单词时，以一个段落为单位，每种情况下都有关于儿童、游戏的文字。

最少出现次数：5；最少文字数量：1。

共现关系的类型（边）：词和词。

为了掌握详细的联系，为增加“描画数”（笔画数），设定上位值为120。

不需要的词：与儿童和游戏相关的词（表4.1）和与设计相关的专有名词。

被强制连接提取的词：孩子、分层、景观、动线、绿植、人工喷雾（降温或造景）。

子图检测：random walks。

为了关注设计师想象中的游玩氛围，除了与儿童玩耍直接相关的词语和与设计相关的术语外，笔者一直在进行相关研究。在与儿童游玩直接相关的词语（包括表4.1中的词语以及“幼儿园”“游乐场”“学校”等专用游乐区词语）之中，与设计直接相关的抽象词有“空间”“设计”“方案”“关怀”“场所”“提供”“维护”“布置”“功能”“配置”“环境”“使用”。其中，当“老年人”在文中频繁出现时，考虑到公共共享区域的设计是为了解决少子化的社会问题，排除了这一关键词。“设施”这一类词在设计说明中多指育儿室内设施，因此，将其与非设计术语一并进行分析。

在 KH Coder 启动屏幕上，存在三种类型的网络图：“中心性（中介）”“子图检测（random walks）”“子图检测（模块化）”。它基于中心性进行颜色编码，并显示每个单词在网络结构中的中心性。相互关联比较强的部分会被自动检测并分组，这就是“subgraph detection”，即执行，结果以颜色编码显示。可以基于共现中介图、random walks 和模块化进行选择。包含在同一子图中的单词用实线连接，而包含在不同子图中的单词用虚线连接。其中，子图的 random walks 的中心性改变了中介中心性，因此使用简单的 random walks 代替最短路径。

4.3 研究结果：多世代共享的“可玩性”维度及其释义

1. 提取词的聚合

从与儿童游乐相关的描述出现频率来看，我们看到“游乐设施”“广场”等许多与设施相关的词，“玩水”“自然”“学习”等许多与自然相关的词，以及“体验”。此外“兴趣”“多样”“魅力”等与定量和定性叙事相关的词，“冒险”“自由”“景观”“行动”等词也十分常见。以下提取单词的摘要以供分析。

对提取词进行聚合和对应分析（强制提取的词，指定未使用词）：

总提取词（使用）：6,117（2,058）

不同的字数（使用）：1,249（729）

文件的简单列表：句子 279；段落（年份）273；H5（短语）273

共现关系图和编码提取词（强制提取词 + 指定未使用词）：

总提取词（使用）：5,559 （1,522）

不同的字数（使用）：1,219（764）

文件的简单列表：句子 279；段落（年份）273；H5（短语）273

从对应分析的角度概述感兴趣的术语，作为结果一部分的对应分析图见图 4.2。为了把握设计者的设计理念和设计考虑，利用 KH Coder 的“提取词表”命令，以年份为分析单位，提取名词、指代词、动词和形容词，并对所有文本进行相应的分析，从而把握各时期兴趣词的整体演变及其趋势。被强制连接提取的词是前面提到的孩子、分层、景观、动线、绿植、人工喷雾（降温或造景），没有不使用的词。

二维图（散点图）展现出分析结果。散点图中显示的命令适合将数据分为几个部分，并观察每个部分的特征。对于使用外部变量的时间、兴趣的概述变化，数据可以按年份划分，经常一起出现在同一段落（年份）的词具有“相似的出现模式”，以搜索每个部分的特征词。通过观察这些年份是否被绘制得很接近，可以同时探索哪些年份与哪些年份的相关内容相似。

如上所述，通过将对应分析图作为概览图，可以看到关注的领域随着时间变迁而变化。从对维护感兴趣到关注游乐设施和玩水、自然体验、地域和生活，最后向变化、功能和与城市相关的考虑过渡。在细节过渡方面，从 20 世纪 90 年代前后对维护、游乐场和安装等感兴趣，到 2000 年前后对自由、冒险和游乐场感兴趣，再到 2010 年下半年对环境、体验和地域感兴趣，而到了 2018 年，则逐渐发展到对城市中游乐场的多样性和功能感兴趣。此外，无特征的术语聚集在原点（0,0）周围，从原点（0,0）到 1998 年、2004 年和 2014 年方向的术语，离原点越远，其特征也越强。1992—2018 年的关注术语变化摘要见图 4.3。

2. 利用共现网络图理解可玩性分类

使用 KH Coder 的“共现网络”命令，为 173 个园林作品案例的时间文本绘制了网络图，将具有强烈共现模式或共现关系的词语用

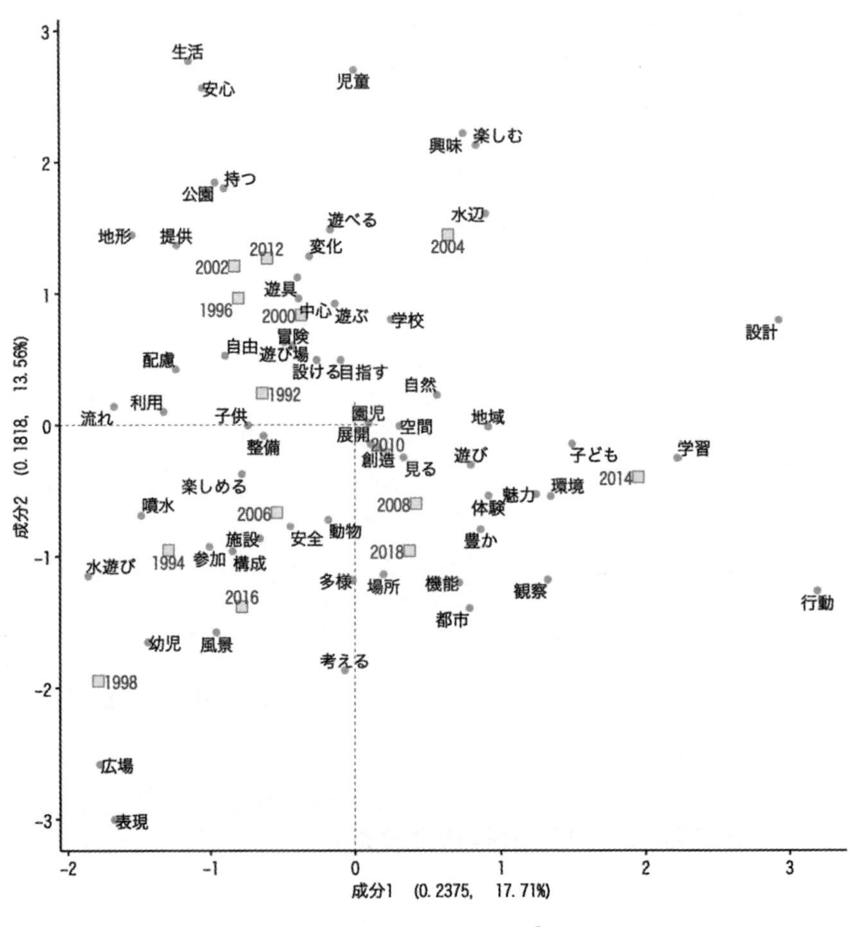

图 4.2 全年代对应分析图[①]

左页注释

①图中日文对应的中文释义如下。

生活：生活。

安心：安心、放心。

児童：儿童。

興味：兴趣。

楽しむ：享受，欣赏。

持つ：具备。

公園：公园。

地形：地形。

提供：提供，供给。

遊べる：能玩，能游玩。

水辺：水边。

遊具：游乐设施。

中心：中心。

遊ぶ：玩，游玩。

学校：学校。

設計：设计。

冒険：冒险。

自由：自由。

遊び場：游乐场。

設ける：设置。

目指す：目标。

自然：自然。

利用：利用。

流れ：水流。

子供：儿童，小孩。

園児：托儿所、幼儿园的儿童。

地域：地域。

空間：空间。

展開：展开，开展、发展。

整備：配备。

創造：创造。

遊び：玩，游玩（动词连用形）。

子ども：儿童，小孩

学習：学习。

見る：看，看到。

楽しめる：能享受，能欣赏。

環境：环境。

魅力：魅力。

噴水：喷泉。

体験：体验。

動物：动物。

施設：设施。

安全：安全。

豊か：丰富。

水遊び：玩水。

参加：参与、参加。

構成：构成。

多様：多样、多变。

場所：场所。

機能：机能，功能。

観察：观察。

行動：行动。

都市：都市，城市。

幼児：婴儿。

風景：景观。

考える：考虑，思考。

広場：广场。

表現：表现，表达。

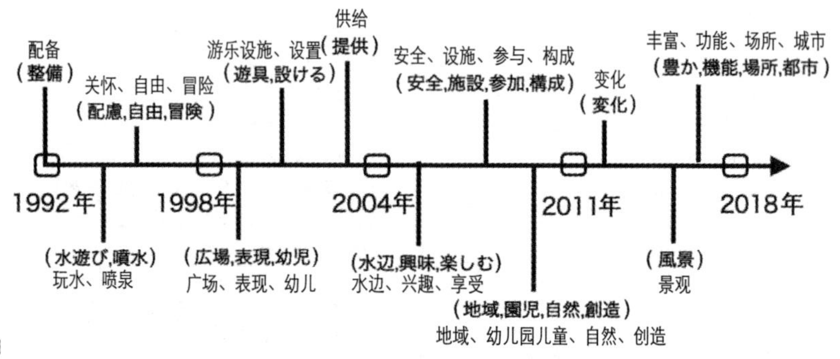

图 4.3　1992—2018 年的关注术语变化摘要

线条连接起来。Jaccard 指数的值在 0 和 1 之间，0.1 表示弱关联，0.3 或以上表示强关联。

14 个年份中每个年份的共现关系图（最少出现次数设定为 2，1994 年和 2006 年没有共现关系）都是通过上述方法生成的，除了与儿童游乐直接相关的词和与设计术语相关的词，设定上位值为 120 的共现关系，即 Jaccard 指数为 0.083 或更高。在共现网络图中，共现关系强的线条则粗，出现频率高的词用大圆圈表示。此外，颜色是根据该词在网络结构中的中心性高低而设置的。具体来说，浅蓝色、黄色、紫色、红色、蓝色表示网络分析中的“中心性”逐级升高。图 4.4

显示了所有文本的共现网络图。

与多维缩放（MDS）不同，此图的意义在于文本是否由一条线连接，而不是它们在图上的位置。因此，如果只是把节点简单地放在一起，但没有用线连接，并不表明共现程度很高。当用 KH Coder 进行自动分组（子图检测）时，同一组的节点用虚线连接，无法区分共现网络图中的实线和虚线。这使得分组的结果更容易看到。也就是说，同一子图中的词用实线连接，而彼此不同的子图中的词则用虚线连接。

基于此，观察所有文本的共现网络图，“多样”“公园”“景观”“参与”“日常”是浅蓝色，即核心的词。其次是“广场”和“地域”，然后是“游乐设施”“丰富”“自由”“创造”“冒险”。经常出现的词是“自然”“游乐设施”“广场”“玩水”“学习”“景观”。在观察与儿童接触自然有关的词时，“体验”“观察”“学习”与许多其他词相联系，而在观察与冒险和创造性游戏有关的词时，“创造”“想象”“兴趣”“自由”也与许多其他词相联系，而“景观”“表达”“玩水”则仅与少数几个词相联系。

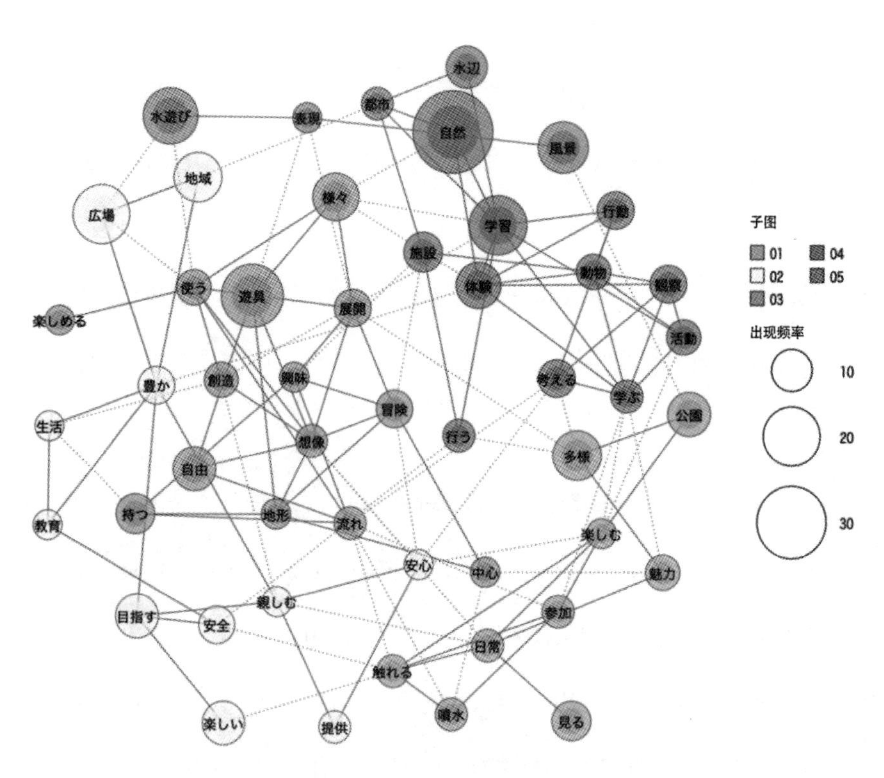

图 4.4　全年代 KH Coder 分析后的文本共现网络图①

左页注释

①图中日文对应的中文释义如下。

水辺：水边。
水遊び：玩水。
表現：表现，表达。
都市：城市。
自然：自然。
風景：景观。
地域：地域。
広場：广场。
様々：形形色色。
学習：学习。
行動：行动。
施設：设施。
体験：体验。
動物：动物。
観察：观察。
活動：活动。
楽しめる：能享受、能欣赏。
使う：使用。
遊具：游乐设施。
展開：展开、开展、发展。
豊か：丰富。
創造：创造。
興味：兴趣。
考える：考虑、思考。
学ぶ：模仿。
公園：公园。
冒険：冒险。
行う：做、实行、进行。
生活：生活。
想像：想象。
自由：自由。
教育：教育。
持つ：具备。
地形：地形。
流れ：水流。
楽しむ：享受，欣赏。
安心：安心、放心。
中心：中心。
魅力：魅力。
親しむ：亲近。
参加：参与、参加。
目指す：目标。
安全：安全。
日常：日常。
触れる：触摸。
楽しい：开心。
提供：提供、供给。
噴水：喷泉。
見る：看、看到。
多様：多样。

4.4 讨论

选择 P. Pons 和 M. Latapy（2005）的 random walks 的子图检测方法，不同子图分类的语音部分通过结果的颜色显示，由 KH Coder 自动检测和分组。从每个着色组的景观作品中选择的所有文本来看，结果显示了设计者从儿童视角考虑的可玩性配置（游戏 / 玩耍场景）的解释。在下文中，将“可玩性”的各个类别包含的共现词从共现网络中提取出来，并讨论了检测它们的角度。我们还可以探讨共现词的组合在各年份之间的变化情况。

1. 可玩性分类

①“学习与了解”：自然、水边、城市、学习、体验、设施、动物、行动、观察、活动、思考、模仿、做。

红色：可以看出，对“学习与了解”的描述相对较多。也有关于被动游戏、安静游戏、与自然接触的游戏、提高学习效果的游戏以及儿童可以边玩边学习的游戏的描述。

②“创造与兴趣”：游乐设施、形形色色、使用、能享受、创造、发展、兴趣、冒险、中心、想象、自由、具备、地形、水流。

紫色：可以看到想象力和冒险游戏等词语的吸引力。具体来说，描述包括：具有创造性的游戏设施、积极的游戏、自由的游戏、具有持续兴趣的游戏，以及儿童能够创造游戏方式开发他们想象力的游戏。

③“安全与保障”：地域、丰富、广场、生活、教育、目标、安全、亲近、安心、提供、开心。

黄色：在安全、有保障的游戏等方面，可以把这些看作发展游戏的基础，城市地区的生活区是游戏的基地。我们发现许多关于高质量游戏的描述中，儿童没有不安全感，他们能够集中精力进行游戏，即通过为玩而玩的重复动作来享受丰富的游戏。

④“交往与交流”：多样、公园、欣赏、魅力、参与、日常、触摸、喷泉、看到。

浅蓝色：可玩性的构成，从中可以看出，城市中存在许多日常的、多样化的代际游戏的游戏性表达。还描述了儿童走出自己的世界，带着好奇心探索周围的各种景色。

⑤“情操与审美”：玩水、表达、景观。

蓝色：与身体游戏相反，与另一个子图中的“自然”一词相连，有对美好事物欣赏的描述，如对景观的描述，具有敏感性。还有关于生动的游戏场景的描述。

此外，如图 4.5 所示的 5 个概念分类的以下特征子图被包括在每个子图的相关词中。

与“水”相关：“水边”“玩水”“水流”“喷泉”。

在“学习与了解”“创造与兴趣”“交往与交流”和“情操与审美”等类别中，对滨水游乐的兴趣在现代城市的儿童游戏中发挥着重要作用。

与“多样性”相关：“丰富”“多样”“形形色色”。

“安全与保障”“交往与交流”“创造与兴趣”这些类别被认为是游戏的基础和起点，以实现丰富多样的游乐活动。设计更多具

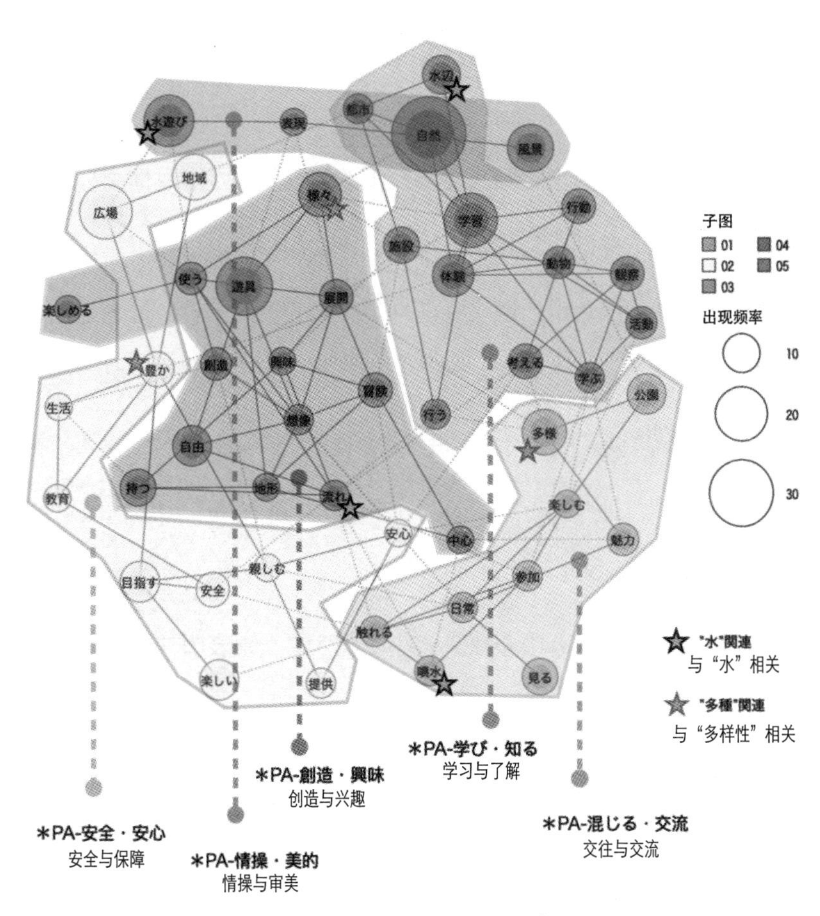

图 4.5 可玩性的 5 个概念分类①

① 日文所对应的中文注释见图 4.4 图注。

有不同风格的游戏是目前设计师的目标。

中心性是评估和比较网络中每个节点的重要性的指标（图 4.6）。一个节点在其他节点之间最短路径上的“程度”是中心性指标，它表明每个术语在网络结构中发挥核心作用的程度。由图可见，中心性按从白色到深色词的顺序逐渐增高。中心性高的词，首先是“学习”“水流”“使用”，其次是“形形色色”“日常”“模仿”“触摸”“丰富”，以及“体验”“想象”“做”“多样”“游乐设施”“魅力”“安全”“亲近”。这些高度集中的词几乎分布在所有的颜色组中，如“学习与了解”“创造与兴趣”“交往与交流”“安全与保障”，每个词在网络结构中都有中心性。这些可玩性的类别表明其在儿童游玩方面具有核心作用。

2. 从编码中看到的年度变化

为了从数据中提取概念并深化分析，本研究制定了编码规则，并与外部变量进行交叉分析和编码，以便从对儿童游乐兴趣的逐年变化中看到可玩性概念的变化。在对文本数据进行定量分析时，本研究统计概念和类别的出现次数，而非单个词，因此上述 5 个可玩

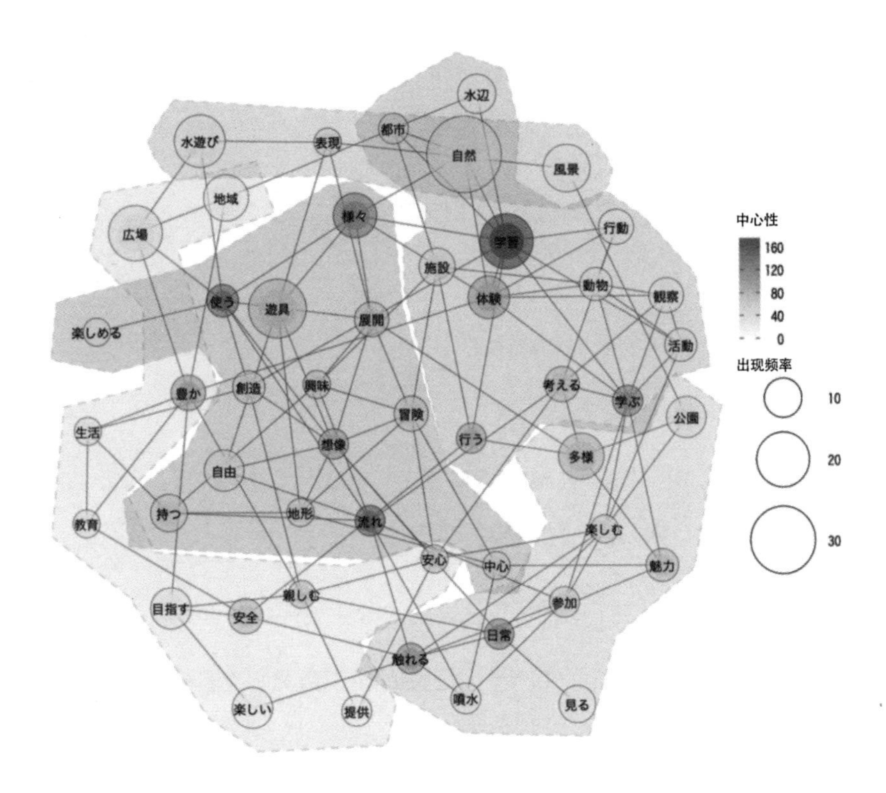

图 4.6　可玩性的中心性（媒介）[①]

① 日文所对应的中文注释见图 4.4 图注。

性类别被定义为编码规则，提取的词汇和术语被匹配到同一概念的编码是为了将提取的具有相似含义的单词和短语合并为单一代码。例如，“自然”“水边”“城市”“学习”等词被合并到可玩性的“学习与了解”类别，而“地域”“丰富”“广场”“生活”等词被合并到可玩性的“安全与保障”类别。

编码设置：

热度：代码的聚类和排序。

变化：方块。

图例：10、20、30、40、50。

按标准化残差进行颜色编码。

本研究在制定了 5 种可玩性表达的分类规则后，首先将每个代码在 1992 年至 2018 年的 14 个时间段中的出现情况制成表格(表 4.2)，以查看从一个时间段到下一个时间段的过渡情况。

表 4.2 的结果也可以用图 4.7 表示。其中，代码出现频率越高，方形越大，残差越大，方形的颜色越深。在这里，颜色是根据标准化残差来指定的，这表明代码即使在出现频率上没有明显的差异，

表 4.2 样本统计结果

年份	学习与了解	创造与兴趣	安全与保障	交往与交流	情操与审美
1992	6	8	5	1	2
1994	1	5	1	0	2
1996	4	2	3	1	2
1998	4	4	5	6	9
2000	6	4	10	6	2
2002	3	2	4	5	0
2004	9	8	4	3	3
2006	2	5	1	3	2
2008	9	8	7	6	2
2010	5	7	5	5	0
2012	6	11	8	3	2
2014	19	4	4	4	0
2016	2	0	2	2	2
2018	7	3	5	5	5
合计	83	71	64	50	33

颜色强度也是不同的。当某一地区的代码比其他地区的出现得更频繁时，残差较大，颜色较深，而当它们出现得较少时，残差为负值，颜色较浅。

图 4.7 显示，代表“学习与了解”出现频率的方块大小以平均方式分布，表现了可玩性的部分：与自然接触的基于学习的游戏，无论年龄和关系如何，都以相似的比例出现。1992 年、1994 年和 2004—2012 年，代表“创造与兴趣”出现频率的方块几乎大小相同，而从 2014 年到现在，方块的大小有所减小。同样，“安全与保障”在 1992 年、1996—2004 年和 2008—2012 年出现的频率较高，揭示了从时间顺序上看，“安全与保障”反复出现。“交往与交流”的出现次数略低于其他概念，而且在 1998 年至 2010 年期间出现的频率有所增高。至于“情操与审美”，在 1998 年达到了高峰（1994—1998），同时也有最大的残差，在 2002 年、2010 年和 2014 年没有出现，在其他年份出现的次数也较少。此外，“学习与了解”和“安全与保障”一样多，而且多于其他可玩性概念，尽管时间段发生了变化，但仍具有普适性。此外，自 2012 年以来，所有的可玩性概念，特别

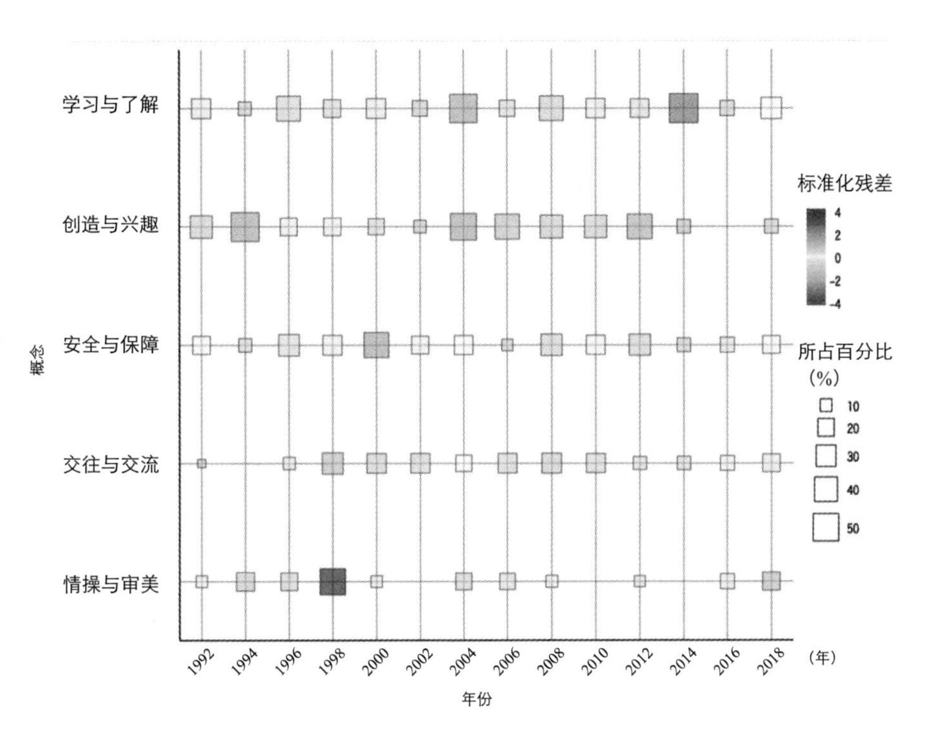

图 4.7 可玩性的 5 个概念的年代分布变化

是 2016 年和 2018 年的可玩性并不常见。综上所述，可玩性的主要变化倾向于从“情操与审美”到“安全与保障”和“学习与了解”，但很难从图 4.7 中详细推断各年份可玩性术语之间的关系和变化，以及它们在未来发挥的作用。

每一年的出现频率可以用直观的折线图 4.8 来表示。研究发现，可玩性的“学习与了解”的持续变化，在 1996 年、2004 年和 2014 年比较突出，并且在未来会再次出现这种情况。可玩性的“创造与兴趣”在 20 世纪 90 年代达到高峰，随后下降，然后上升，截至 2018 年下降，并轻微反弹。可玩性的“安全与保障”除了在 2000 年有所上升，在其他时间一直保持平稳。可玩性的“交往与交流”在 20 世纪 90 年代和 2018 年均处于较低的状态，在 21 世纪 20 年代中期左右略有提高。可玩性的“情操与审美”在 1998 年达到高峰，随着时间的推移有所下降，近年来，从 2016 年开始，对“景观”“表达”和其他“情操与审美”相关的活动、游戏和设计 / 规划的考虑又开始增多。从出现的总体数量上来看，“创造与兴趣”和“学习与了解”是可玩性的重要组成部分。

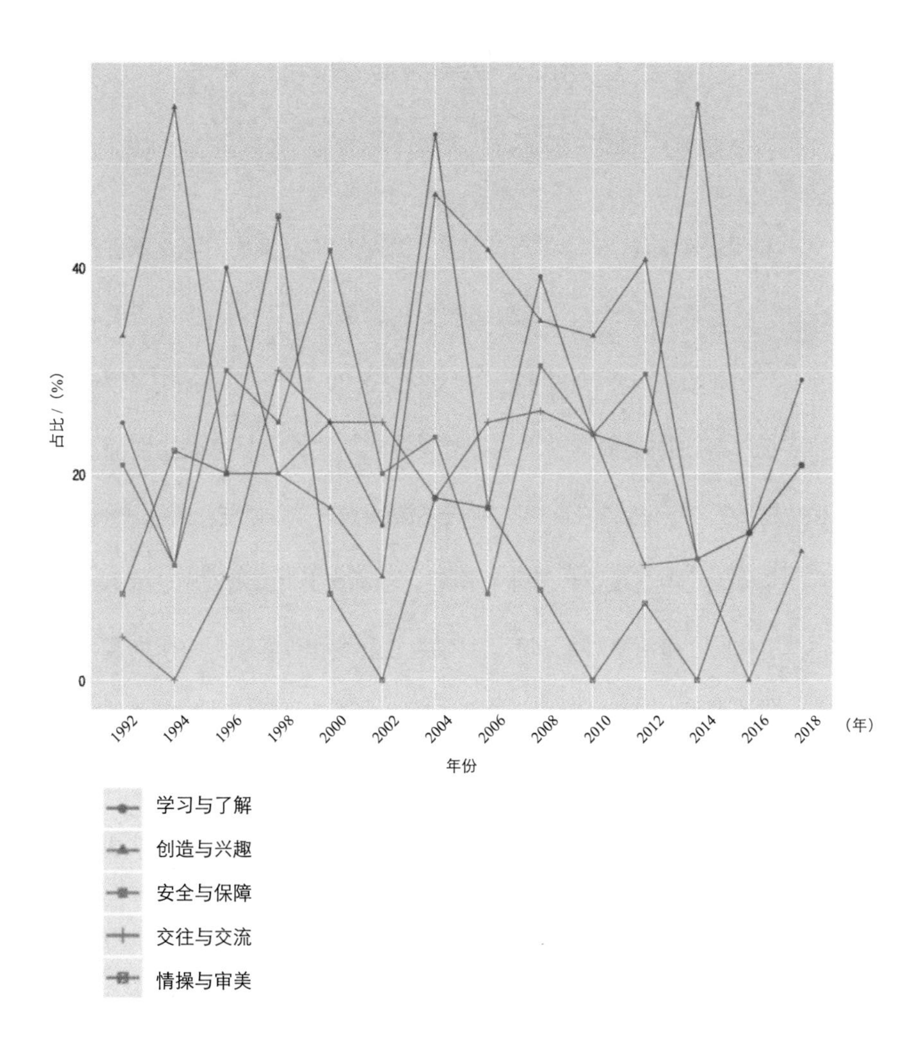

图 4.8 年代变化的编码出现频率

4.5 考察与总结

利用软件 KH Coder 对与儿童游乐相关的作品选的说明文本进行统计分析，以得出日本儿童游乐的变化趋势：游乐空间营造所关心的词汇出现频率随着年代的变迁而变化。这 20 多年来的关注情况为：“广场”等设施类词汇、“开心”“多样”“魅力”等描述性词汇和“冒险”“自然”“自由”等描述游玩方式的词汇较多。高频词汇由基础设施类、设置与管理类词汇，逐渐转变为游乐设施、玩水、自然、体验、生活等具象词汇，且功能性、变化性等词汇有所增多。再将词汇汇总并计算相关度，聚类 5 种儿童游乐空间营造侧重类型，即“安全与保障”“情操与审美”“创造与兴趣”“学习与了解”“交往与交流”（表 4.3）；同时也可以表明提高可玩性的方式可以从这 5 个维度进行，如表 4.4 所示。

这一章的重点是“可玩性”，通过阐释设计文本的结构性，并与游乐意象的相关变化进行比较，揭示统一结构并对前文进行补充。

表 4.3 “可玩性”理论结构及对 5 个结构维度的释义

	结构维度	结构维度的文本关键词	维度释义
“可玩性”理论	安全与保障	地域、丰富、广场、生活、教育、目标、安全、安心、提供	游玩条件存在的基础
	创造与兴趣	游乐设施、形形色色、使用、能享受、创造、兴趣、冒险、想象、自由、地形、水流	引发持久的游玩兴趣
	学习与了解	自然、水边、城市、学习、模仿、体验、设施、动物、观察、行动、思考	通过与自然界接触进行学习与模仿，如观察小动物，与喷泉互动和冒险是儿童健康成长发育的重要条件
	交往与交流	共享、公园、魅力、参与、日常、触摸、多世代	代表着日常生活中儿童的社会化行为与社区其他年龄段的人互动的共享空间
	情操与审美	景观、表达、玩水	儿童心理学和教育学方面的影响对游乐功能重要性的补充与阐述

表 4.4 提高可玩性的方式

提高可玩性的方式	接触自然	城市绿植配置，创造自然环境空间
		设置教育基地/野趣游玩/农耕体验
	复合空间	空间要素的组合与多样化
	社会交流	共享空间，社区活动，多世代交流
	游乐设施的多样/耐玩	复合游乐设施，无动力游乐设施，冒险，身体活动
	特殊情况	极寒地户外游乐配置，残障儿童需求

此外，还讨论了可玩性视角的变化，并阐述了设计师在儿童游乐方面的兴趣变化。本研究还进行了定量的文本分析，从日本造园学会《造园作品选集》的案例设计文本中提取词语，找出常见词语，并绘制其共现网络图，以直观地显示整体趋势。

结果显示，从儿童游乐的文本中提取的描述从可玩性的角度被分为 5 个概念："学习与了解""创造与兴趣""安全与保障""交往与交流""情操与审美"。从这 5 个概念中，以文字编码的形式概述总体变化趋势，研究结果如下。

① 关于游戏性的结构。

"创造与兴趣"和"学习与了解"之类的游戏被认为是重要的设计兴趣，对冒险、游乐设施、变化的地形和自由游戏的设计兴趣在与自然接触（如观察和玩水）的学习中发挥着至关重要的作用。此外，在构建良好的可玩性游戏时，对"安全与保障"的考虑是游玩活动开展的基础。"交往与交流"，如代际互动和日常生活也是热门的设计关注点。"情操与审美"揭示了游戏的可玩性与滨水游乐有关。

②随着时代的变迁，各年代的设计方法和可玩性重点都发生了变化。

就文本中出现的关键词而言，总体变化趋势是从20世纪90年代前后的“配备”“游乐场”和“设置”等基本设计考虑，到21世纪初前后的“玩水”等关于水的设计考虑，再到21世纪10年代前后的“环境”“体验”“社区”和“互动”，可玩性的操作方面也得到了考虑。可玩性的总体变化表现为：在“学习与了解”方面长期保持较高水平，在“创造与兴趣”方面有所下降，在“安全与保障”方面保持较低水平，在“交往与交流”方面略有增加，在“情操与审美”方面波动变化。

与“水”相关的游戏和与“多样性”相关的游戏出现在每个可玩性子图中，这表明城市中与水接触的游玩类型和空间要素都在增加。

在城市地区增加与水接触的游玩类型和空间元素的多样性是设计师经常使用的方法。从2016年开始略有增加的趋势，与自由、冒险相关的设计兴趣逐渐回归，情操培养和审美欣赏，以及与自然接触等方面的热度可能会增加。

5

我国特色的多世代儿童友好相关理论与实践

插图 何雨露

5.1 多世代背景下的老幼同养与代际关系

“老幼同养”作为代际项目中针对老年人和幼儿的一种形式，指的是养老设施与育幼设施在空间上紧邻设置，并通过有组织的或自发性的代际交流活动，促进老幼群体之间的互利互惠。其作为社会服务的创新模式，具有促进代际融合、提供精神慰藉、增加社会参与等多方面意义。

5.1.1 国外代际与多世代相关的理论与实践发展

1. 国外理论发展

代际项目起源于20世纪60年代的美国，后逐渐成为为年轻人和老年人提供自愿的、建设性的和定期互动机会的重要手段。代际理论的发展整体经历了三个阶段（表5.1）：①个人导向的发展理论；②双方导向的发展理论；③社会导向的发展理论。

表 5.1 国

代际理论的阶段	出现时间	创立者	现有理论
个人导向的发展理论	1963年后	Erikson	人类发展理论
		Vygotsky	
双方导向的发展理论	1976年后	Mliier	关系理论
		Chaiklin & Lave	活动理论
		Alleort等	接触理论
		Lave & Wenger	情景学习理论
社会导向的发展理论	2009年后	Hanifan	社会资本理论
		Titchell	社会网络理论

理论发展

代际理论	具体内容
年群体：生命历程自我发展理论 life span ego-development theory, Erikson, 63）	老年阶段的“生成性”（generativity）特点，即要求老年人通过代际体验，将自己的知识、智慧和独特的生活技能传授给年轻人，使年轻人获益，也使自己成为“意义的守护者”（Erikson， 1994）
童群体：社会文化理论 sociocultural theory）	儿童的社会化发展是通过和其他儿童及成人解决问题的互动而获得的（Vygotsky, 1979）
际关系理论与代际互动理论的结合及重	人类的发展不应该被视为隔离的过程，基于“关系是人类发展的基础”这一观点，该理论强调，人们不能脱离关系语境或发生这些关系的文化语境来理解个体（Spencer, 2000）
	人际关系可以塑造人们所从事活动的选择和性质，与此同时，活动也可以塑造或修正人际关系
际接触理论	强调代际关系的建立需要一定的活动条件
际学习理论	学习是在社会环境中进行的，人们在特定环境中共同完成的一项任务使得个人行动得到真实的结果
会资本理论与社会网络理论在代际关系的结合	投资于儿童和老年人的社会资本，是双方通过互动形成关系，并共同创造社会资本，包括信任、社会规范、义务及认同感
	代际互动可以延伸到社区，吸引更多老年人等社区居民加入，形成更广泛的网络和团队合作

2. 国外实践案例

根据目标不同，代际项目可以分为社区实践和机构实践。在社区实践中，“代际社区”的概念被广泛提起，其本质关注的是处于不同地位的代际关系，以及这些关系如何发挥作用，提高社会质量。在机构实践中，由“多世代空间设施”转向“老幼复合设施”，逐渐强调机构“养老”和“育幼”的双重属性。老幼同养机构在美、日等国家发展迅猛（表 5.2）。老幼同养在社区的空间布局主要分为合作居住模式、代际共享站点、多代屋三种模式（表 5.3）。

表 5.2　国外老幼同养项目实践

项目名称	安施时间	代表国家	参与者	活动内容	活动地点
体验团计划（experience corps, EC）	1996年	美国	老年志愿者、幼儿/小学生	小学生的学业辅导及问题行为的纠正	公立小学
代际支持项目的生产力促进研究（research on productivity through intergenerational sympathy, REPRINTS）	2004年	日本	老年志愿者、幼儿/小学生	共同阅读图画书	幼儿园、小学
代际游戏小组（intergenerational playgroup program, IPP）	2009年	澳大利亚	老年人、家长及幼儿	共同游戏体验	社区老年护理设施
共享设施代际项目（shared site intergenerational program, SSIP）	1978年	美国	老年人、幼儿/青少年	在共享设施中开展正式和非正式的代际活动	机构/社区共享设施

表 5.3　国外老幼同养空间布局

	布局模式	特点	时间	国家	典例	示意图
社区实践	合作居住模式	居民参与团体决策	20世纪60年代	丹麦	—	—
	代际共享站点	单一地点互动	1978年	美国	弥赛亚村	—
	多代屋	共享空间	2006年	德国	利多多代屋	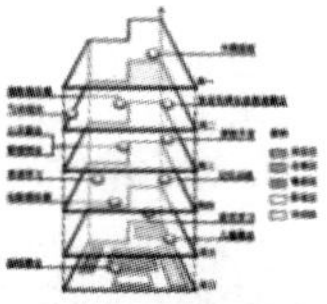
机构实践	并列型、层叠型、混合型、一体型、独立型	人与环境双向作用	20世纪90年代	日本	幸朋苑（并列型）	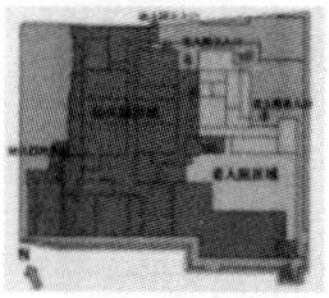

5.1.2 老幼同养模式的理论与实践发展

1. 老幼同养模式在国内机构中的探索

随着“银色浪潮”的到来，即老龄化、高龄少子化问题的出现，中国从 20 世纪 90 年代开始探索老幼同养模式，在幼儿园中开设养老院或是在养老院中引入幼儿园，在不断的发展过程中，逐渐形成了三家较为成熟的老幼同养机构（图 5.1）。

2. 老幼同养模式在中国社区共享空间中的探索

我国的社区老幼同养模式仍在探索阶段。在老幼同养互动模式和代际共享空间模式方面的已有实践可被视为老幼同养模式的发展雏形，能够为进一步的发展提供本土化的经验。总体而言，现有的社区老幼同养模式扎根于中国的“家”文化，是本土化实践的基础。就其现有的发展来看，社区老幼同养面临缺乏家庭与社会共同支持、区域差异和发展不平衡、项目缺乏持续性和系统性的问题。

国内外学者的研究可提供借鉴，但仍存在不足。①我国“老幼同养”相关研究起步晚，研究成果缺乏系统性。当前国外有关“老

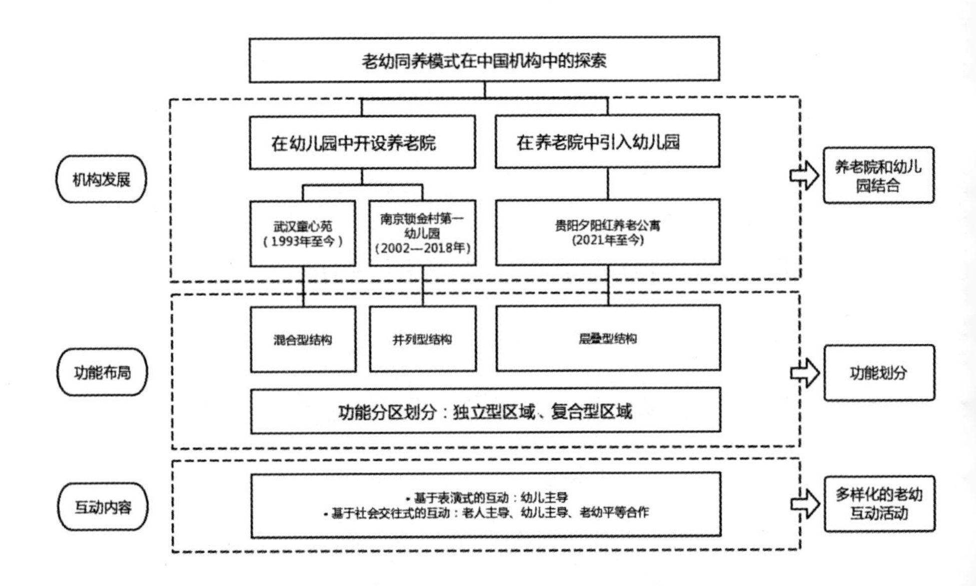

图 5.1　我国老幼同养机构落地探索
（来源：《老幼同养模式的本土化实践》，王彦蓉、王海玉著）

幼同养”模式的理论与实践探索均已相对成熟。相较而言，我国“老幼同养”模式缺乏本土化研究，缺乏实践土壤。②我国城市更新进程相对缓慢，相关理论研究缺乏系统性，对于具有典型性文化的城市空间缺乏具有针对性的改造研究。③缺乏老幼同养与老旧社区改造相结合的相关研究。当前国内外在“老幼同养”与老旧社区改造相协同的研究上处于停滞状态，有很大的探索空间。

3. 核心家庭结构转型为多世代家庭，“一老一小”问题突出

近年来随着“多孩政策”的提出和人口老龄化导致养老问题日益凸显，我国城市中的家庭结构正逐渐从核心家庭向多世代家庭发生转变。对老幼共融的多世代共享空间的需求大幅度提升；“一大牵多小”的“隔代抚养”也成为我国特有现象。随着城市化进程的加快，我国城市家庭在20世纪六七十年代就已形成以核心家庭为主的家庭单元结构。近年来，城市家庭结构呈现出一些新特征：直系家庭占比呈现波动式上升的趋势，其中直系家庭在2010年的占比达到了22.99%。数据显示，2000年有老年人的家庭户由6839万户、占20.1%增至2020年1.3亿户、占26.9%。从城市三代直系家庭成

员年龄分布图（图 5.2）中也可以看出，家庭成员年龄分布出现老幼占比大，青中年占比小的现象，家庭结构向着“421”“422”（4 位老年人、父母家长以及 1~2 名小孩）的多世代化家庭模式转变。“一老牵一小”甚至“一老牵两小”的现象变得越来越普遍。

“十四五”期间，“一老一小”问题上升至国家重要战略层面，人们对多世代共建共享的空间需求迅速增大。为了有效应对人口老龄化及社会服务供给整体不足的问题，老幼共融多世代共享空间营建在国外受到高度重视并已经发展成熟。老幼代际共融多世代共享空间指的是在同一个空间内，不同世代的群体之间可以产生有组织的或自发性的代际交流互动，促进老幼群体、亲子群体之间的互利互惠。

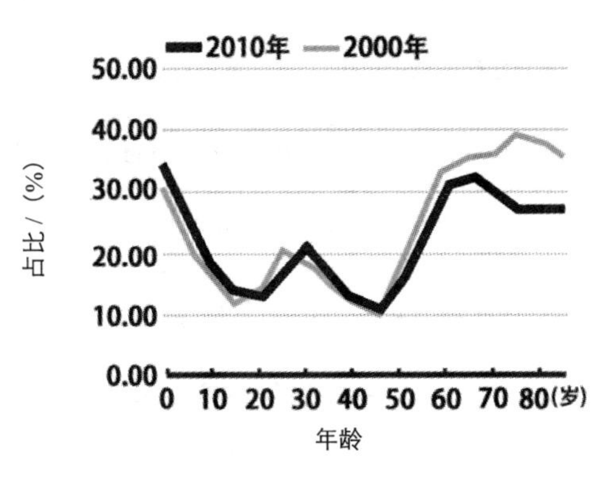

图 5.2 城市三代直系家庭成员年龄分布图

5.1.3 归纳与总结

1. 在老龄化、少子化双重困境下老幼同养回归

我国老龄化、少子化加速到来，老幼同养成为应对“一老一小”问题的良策。党的二十大报告明确提出，实施积极应对人口老龄化国家战略，部署“儿童友好城市建设”的重点任务，将“一老一小”问题提升至国家战略层面。《中国人口预测报告（2023 年）》指出，新生儿 4 年内将跌破 700 万，预计在 2030 年左右进入占比超 20% 的超级老龄化社会。人口结构的矛盾触发改革良机，在此背景下，“老幼同养”作为一种有效应对人口老龄化及社会服务供给整体不足的创新模式，成为同时满足养老托育服务需求的重要选择。老年人与儿童群体的彼此伴随不仅有利于促进社会关爱与支持老幼群体，还有利于通过老年人的智慧资源为儿童提供更多学习的机会，使社会资源得以充分利用。而目前“老幼同养”模式在中国社区的发展仍处于探索阶段，其发展面临文化整合困难、代际需求差异、专业人才缺失等问题，如何促进老幼同养在中国的本土化实践发展成为推广此模式亟待解决的问题。

2. 城市更新浪潮中对特色老旧社区游乐空间资源配置的关注

特色老旧小区微更新肩负提升城市人居环境品质与塑造城市特色风貌的双重任务。2021年，国家“十四五”规划明确提出实施城市更新行动，加强城镇老旧小区改造和社区建设，重点强调保护特色城市风貌，保留城市社区在地文化遗产，充分发挥历史文化街区和历史建筑的使用价值。旧厂社区等老旧社区存在公共环境衰败、社区服务品质落后等问题，但因其社区建设起源早，空间及其配套设施体系完备，老年人和儿童共生现象较为普遍。

3. 人本视角下社区微更新与老幼同养的融合成为新态势

社区微更新注重公共问题及群众需求，聚焦老年人与儿童群体社区生活的改善与更新成为社区发展新趋势。伴随家庭结构和居住模式的变化，传统的家庭照料服务已不再适应老幼发展需求，社区逐渐成为养老育幼服务的重要载体。2022年起，国家卫生健康委和全国老龄办向全国号召，稳步推进老年友好社会建设，开展老年友好型社区的创建工作。2022年，由国家发展改革委等单位联合发布的《城市儿童友好空间建设导则（试行）》对儿童友好空间在社区层面的落实提出要求。基于人口结构的变化及城市更新的现实需求与社区空间适老化和儿童友好型设计的现实落地，社区微更新逐渐开始关注养老育幼资源的整合利用，老幼人群社区空间的复合营建成为新兴方向。武汉市响应儿童友好城市建设与城市适老化改造的号召，推进老旧社区更新，强调以人为本的核心理念，改善人居环境，提高社区活力，老幼同养成为社区开展以人为本系列更新工作的现实基点。

5.2 面向隔代抚养与高龄少子化的游乐资源配置

5.2.1 隔代抚养的理论研究与相关现状

国家统计局于2021年5月公布的第七次全国人口普查数据显示，截至2020年，我国60岁及以上的老年人口总量为2.64亿人，已占到总人口的18.7%。随着老年人口的持续增加，我国老龄化程度日益加深。2021年5月31日，中共中央政治局召开会议，提出“进一步优化生育政策，实施一对夫妻可以生育三个子女政策及配套支持措施”。伴随着老龄化逐渐加深和“三孩时代”的到来，老年人预期寿命的延长与新生儿出生日益减少的现象，加之现有幼儿托管产业存在价格昂贵、质量参差、供给不足等问题，“隔代抚养”作为一项缓解子女家庭经济与教育压力和联系多世代家庭的举措，成为许多中国家庭的选择。

1. 隔代抚养的现状

隔代抚养又称隔代抚育、祖父母照料等，在中国并没有统一的名称，一般代指父母因故无法照料子女，由祖父母代为照料及抚养。对于“隔代抚养”的定义有广义和狭义两种：广义的隔代抚养是指祖父母与父母共同抚养孙子女，祖父母仅参与抚养的一部分时间和内容，此类抚养被称为不完全隔代抚养。而狭义的隔代抚养指祖父母完全负责孙子女的养育与教育，也被称为完全隔代抚养。

隔代抚养这一现象从古至今一直存在，近年来隔代抚养的趋势更是显著。据统计，在美国由于子女工作繁忙，40% 的老年人每年会抽出至少 50 小时帮助子女照料儿童；在欧洲，40%~60% 的老年人会不定时地照顾自己的孙子女。在中国，老年人参与照料孙子女的比例为 58%，这一比例在中国农村则高达 70%。由此可见，隔代抚养在中国家庭已经成为一种不可或缺的亲子抚养选择。

2. 隔代抚养的动因

目前学者对于隔代抚养的动因（图 5.3）有多种解释。

①从祖父母的角度来看，依据代际交换的理论，祖父母基于“互惠”“利他”“理性”三个视角抚养孙子女。从“互惠”的视角出发，祖父母希望以隔代抚养的行为，向子女转移资源从而获得更好的晚

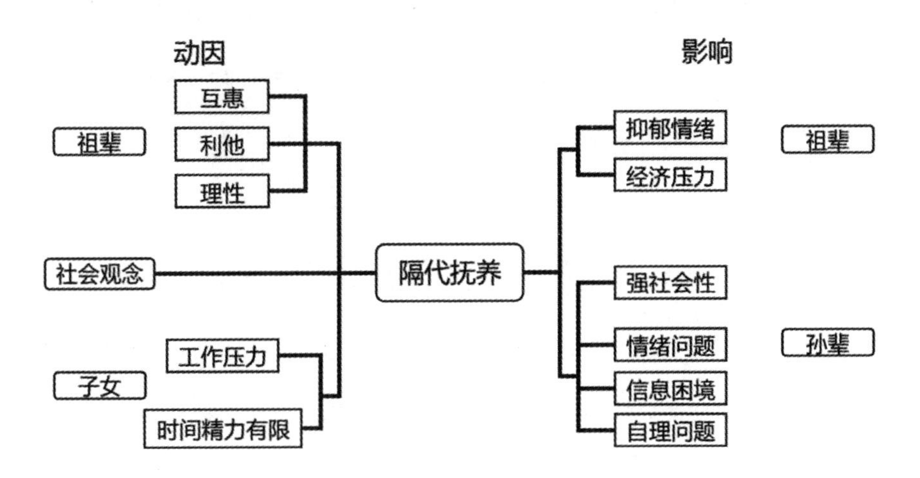

图 5.3 隔代抚养的动因与影响

年回报，以期子女能够为日后自身养老提供经济支持和照料。从“利他”的视角出发，祖父母基于全体家庭成员的利益考量，选择无偿提供资源，并且从隔代抚养中获得情感支撑和成就感。从“理性”的视角出发，祖父母因为对日后生活不稳定性的担忧，选择以隔代抚养作为对子女的投资，目的在于保障日后的养老生活。基于此种目的的祖父母面对多子女存在时，通常会选择差异化投资来保证利益最大化。

②在中国传统文化的影响下，“儿孙满堂”的期望自古有之，隔代抚养成为祖辈对圆满生活的一种期待与追求，也逐渐成为老年人为家庭贡献余热的一种义务。许多祖父母热衷于参与孙辈的抚养与教育，丰富自己的退休生活。

③社会转型给子女带来了较大的工作与生活压力，他们面临逐渐激烈的就业和工作的竞争，不得不牺牲自己对孩子的教育与抚养时间，从而选择将孩子的教育与抚养交给祖父母。

3. 隔代抚养的影响

隔代抚养的影响主要针对祖父母和孙子女两个方面（图 5.3）。

对于孙子女而言，学者认为隔代抚养的优点主要在于：祖辈退休后时间和精力相较于父辈而言都更为充足，同时拥有丰富的育儿经验和社会阅历，相较于单纯由亲代抚养的儿童，隔代抚养的儿童有更强的社会性。隔代抚养的缺点主要集中在3个方面。①在完全隔代抚养的情况下，隔代抚养造成家庭缺失，导致儿童因为父辈参与的缺失，更容易有不安、焦虑等消极情绪，产生情绪问题。②由于老年人这一信息弱势群体的介入，儿童的行为习惯、认知发展受祖辈影响，更容易遇到信息问题，陷入信息困境。③部分老年人受传统教育观念影响，容易溺爱儿童，导致儿童生活难以自理。

学者对隔代抚养对祖父母的影响研究较少，研究主要集中在隔代抚养对老年人的身体健康和经济方面的负面影响。有研究表明，隔代抚养与老年人抑郁症状和生活满意程度都存在明显负相关。

隔代抚养的利弊主要与整个家庭的责任分配和生活氛围息息相关，通常拥有更好经济条件和良好家庭氛围的不完全隔代抚养对祖辈和孙辈都会有较好的影响。

5.2.2 高龄少子化的理论研究与相关现状

1. 高龄少子化相关现状

人们对全世界老龄化的趋势已经达成共识，老龄化往往伴随着少子化，而少子化则会加快老龄化的进程，导致未来人口的减少，并与老龄化一起对未来社会经济发展产生深远的影响。从全世界范围来看，过去二十年，全球（中国除外）的少儿人口比重均在不断下降，少子化现象明显。“三低”（低出生率、低死亡率、低自然增长率）是高龄少子化的重要特征或原因。

从总体上看，高龄少子化正在形成一种趋势。但是，高龄少子化的现状和变化趋势在不同国家有较大的差异。中国与发达国家的高龄少子化差异在日渐趋同，尤其是在总人口抚养比、0~14 岁人口占比和老龄人口占比方面，中国相关数据逐渐接近于发达国家的数据（图 5.4 和图 5.5）。

2. 高龄少子化问题的本质与应对措施

在人口老龄化社会中，由于老龄人口在总人口中的占比不断提

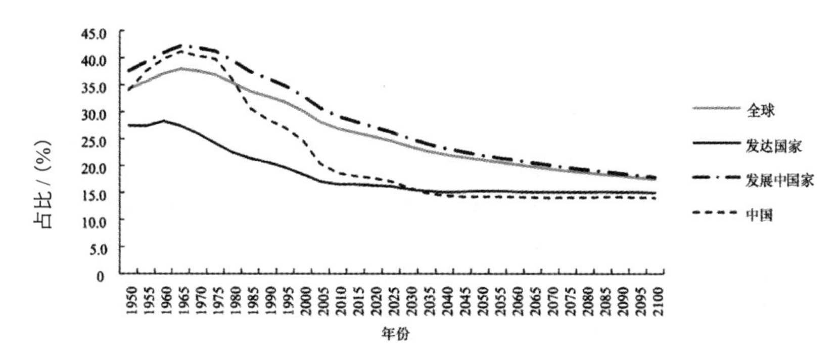

图 5.4　1950—2100 年世界及相关国家 0~14 岁人口比重

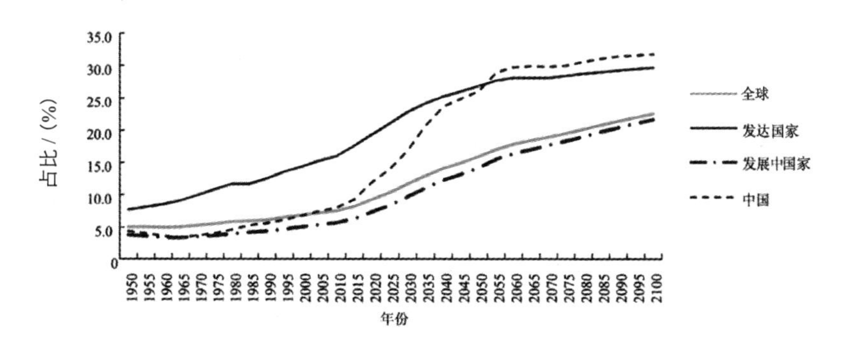

图 5.5　1950—2100 年全球及相关国家 65 岁及以上人口比重
（来源：《如何应对全球共同面临的人口难题——高龄少子化》，郑京平著）

升，老龄抚养比（即老龄人口数与劳动年龄人口数之比）也在不断提升，针对老年人的养老或者照料成本也在不断攀升。参与劳动的人口减少，而消耗资源的人口逐渐增多，可能导致社会资源逐步枯竭。

少子化问题的本质在不同时期有所不同。短期内会因为需要抚养的儿童人数占总人口比例的下降，社会的负担逐渐减轻，但随着时间的推移，儿童逐渐进入劳动力年龄，劳动力供给的减少，会急剧增加社会的负担。

面对高龄少子化的严峻挑战，我们应该客观把握中国的人口结构变化趋势，抓住尚未固化的高龄少子化趋势的窗口期，降低养育成本，并促进生育率回升。同时实行降低家庭生育、养育、教育“三育”成本的政策和制度，以提高劳动参与率和劳动生产率，实行延迟退休政策与制度安排，并完善老龄化社会服务体系、利用社会的资产负债支撑老龄化社会发展。

5.2.3 城乡游乐资源配置不均的理论研究与现状

1. 乡村游乐资源现状

随着“美丽乡村”的建设进程逐步加快，人们对乡村文化的重视程度逐步提高，乡村景观设计也逐渐走进人们的视野。儿童游乐景观作为其中的分支，相较于城市儿童游乐建设，往往是被忽视的一环。

目前，中国儿童游乐设施建设总体缺乏规划水平的依据和指导，尤其在资源配置方面，呈现出明显的重城市、轻乡村的不均现状。然而乡村作为承载乡土文化、靠近自然的载体，与我们对儿童游乐亲近自然、自由玩耍的需求不谋而合。作为儿童游乐的良好载体，乡村游乐需要被逐渐重视起来。

另外在大多数乡村社区中，缺少适合当地自然环境、地域文化元素的儿童游乐设施。设计应从儿童的角度出发，充分考虑儿童的切实需求，从真正的实际出发，设计独特而适用的儿童游乐设施。

同时，许多儿童活动区和亲子乐园只是随意添加了一个功能区作为活动场所，在设计之初就缺乏对亲子需求的考虑，满足儿童活动需求的场地和空间严重不足，主要服务对象还是以成年人为主，能同时获得父母认可和儿童喜爱的亲子设计甚少。

2. 乡村游乐存在的意义

①促进乡村文化再生。乡村游乐是乡村文化的载体，可以对其进行有针对性的设计，将乡村的文化和特有元素体现在儿童游乐设施中，将文化符号转化为新精神，使文化展现出新的活力。

②增强社区凝聚力。乡村儿童游乐设施的建立，通过将社区内部的儿童吸引到一个空间内进行玩耍、沟通，增加儿童自身对乡村文化、社区文化的认同与理解。同时鼓励儿童积极参与社区户外活动，培养社区精神。从儿童时期就增强社区成员之间的联系，使他们形成共同的价值观，共同促进社区的凝聚与发展。

5.2.4　老幼耦合相关理论与社区微更新探索

1. 代际学习

代际指社会不同代人之间的关系。代际学习理论最初起源于 20 世纪 70 年代末，当时欧洲各国社会阶层、人口结构的变动，导致代际关系在工作和家庭地理位置分割中产生隔阂。为打破家庭内部的代际隔阂，代际学习应运而生。1999 年联合国教科文组织教育研究所将代际学习定义为“老年一代和年轻一代间有目的、持续地交换资源和学习的工具”。近年来，随着对代际学习的深入研究，代际项目、代际实践和代际计划等代际理论形成，代际学习的外延情景扩展至家庭、学校、社区和社会等，其对象由传统意义上有血缘关系的世代之间扩展到非生物意义上的世代之间。代际学习语境下的社区微更新，不仅有助于代际情感的交流，帮助不同年龄段的人了解彼此的生活背景、价值观和需求，增进相互理解，减少代际隔阂，还有助于老年一代将经验与知识技能分享给年轻一代，并在知识传授中与年轻一代的创新思维碰撞出新想法，提升社区微更新质量。

2. 社区微更新中的老幼耦合的多世代模式应用

老幼耦合是代际融合理论在老年人与儿童这一特定群体中的应用与实践，主要指老幼之间相互依附、互通互享、生活互动互惠的一种内在凝聚状态。依据社会治理理论，基于现有的代际融合社区微更新尝试，可将老幼耦合的模式归纳为资源耦合、服务耦合及行为耦合三个层面。资源耦合是指将图书馆、花园、活动室等老幼共享资源整合在一起，有效提高了资源利用效率；服务耦合是指通过代际学习中心与日间照料中心等，为老年人和儿童提供教育、娱乐和健康服务，有助于满足不同年龄层人群的服务需求；行为耦合是指让老年人和儿童共同组织或参与活动，以互动增进不同年龄层之间的理解和尊重，消解代际隔阂。行为耦合是在资源及服务耦合基础上的深化，强调老幼在使用同一空间或享受同一服务时的互动行为，是老幼群体确定社区微更新主体地位的重要手段。

当前老幼耦合在社区微更新中被广泛尝试，例如，国内外均有“代际学习中心”“老幼同养机构”等多代共融的复合型养老托育设施及代际友好社区微空间。老幼耦合的理念在社区微更新中的应用，突破了老幼代与代之间融洽交流的时空限制，有助于老幼群体在交往中互帮互助，共同分享社会资源、空间资源。代际健康关系的维持，在彼此躯体健康、情绪认知等方面带来积极作用，从而强化了代际联系，以老幼互养的方式缓解了老幼养育的社会压力。但当前社区微更新主要依赖政府主导，老幼耦合模式多停留在资源及服务耦合上，老幼双方的行为耦合较少，老年人与儿童作为社区更新主要参与者的地位被弱化。并且，一些进行老幼耦合的社区微更新尝试，往往缺乏持续的运营机制，老幼耦合难以实现长效化与可持续性。综上，老幼耦合在社区微更新过程中具有重要作用，但也面临着理论研究不足、支持体系及耦合形式不完善等问题。

5.3 我国儿童友好城市及社区的实践

5.3.1 当代中国的“一老一小”多世代问题凸显

当前，我国正处于人口生育率断崖式下降和人口老龄化加速相重叠的阶段，老龄化与少子化的矛盾凸显。第七次全国人口普查数据显示，截至2020年，我国“一老一小”人口已超过5亿人，占总人口的36.65%，相较于2010年第六次全国人口普查的数据，“一老一小”人口比重双双增长。我国强调，要重视解决好“一老一小”问题，加快建设养老服务体系，支持社会力量发展普惠托育服务。“一老一小”领域的国家层面政策密集出台（表5.4）。在此背景下，中国多地尝试开展“一老一小”代际融合，旨在实现不同代人之间的积极互动与资源共享，但多数尝试由基层行政单位与设计师主导，对老幼特点及需求的挖掘有所欠缺。在“一老一小”中，老年人是社会的长者和资深公民，其价值有待延续与挖掘；儿童是社会的后继力量和未来建设者，其价值亟须激发与提升。老幼人口的发展状况体现了社会发展的成效，二者的养育问题是社会发展待解决的主要民生问题。因此探寻一种能够发挥老幼人群优势、促进老幼代际共融的方式迫在眉睫。

表 5.4 “一老一小”领域的国家层面政策

发布时间	政策	政策内容
2013 年	《关于加快发展养老服务业的若干意见》（国发〔2013〕35 号）	普惠型养老
2019 年	《关于促进 3 岁以下婴幼儿照护服务发展的指导意见》（国办发〔2019〕15 号）	针对婴幼儿照护服务发展提出具体政策要求
	《国家积极应对人口老龄化中长期规划》	明确提出打造高质量的为老服务和产品供给体系
2020 年	《关于促进养老托育服务健康发展的意见》（国办发〔2020〕52 号）	提出统筹养老与托育服务统筹发展
2021 年	《中华人民共和国国民经济和社会发展第十四个五年规划和 2035 年远景目标纲要》	为“一老一小”服务制订了时间表和路线图
	《“十四五”积极应对人口老龄化工程和托育建设实施方案》	完善养老和托育服务体系，扩大服务供给，提升服务质量
2022 年	《“十四五”国家老龄事业发展和养老服务体系规划》（国发〔2021〕35 号）	强调推动银发经济发展并指出支持社区发展养老托育服务

5.3.2 多世代的儿童友好社会环境、相关政策、地方工作、实践案例

1. 社会环境

1989年联合国大会通过并发布了《儿童权利公约》，形成第一部保障儿童权利的国际性公约，美、德、英等国家陆续制定了关于保障儿童权利的设计规范和标准。我国于1990年签署了联合国《儿童权利公约》，此后人们开始更加关注儿童权利。1996年联合国儿童基金会和联合国人居署提出“儿童友好城市倡议”，获得各国积极响应。“儿童友好城市”这一概念在2010年被引入我国后，受到社会各界的广泛关注。2018年联合国儿童基金会发布了《儿童友好型城市规划手册》，该手册涵盖建设包容、安全、可持续发展的城市与社区目标，有利于推动儿童友好城市的稳步发展。

目前，武汉城市建设迈入高质量发展时期，城市品质提升诉求日益强烈。从2019年开始，武汉市相关部门为加快推动建设“儿童友好城市”，多次召开专家研讨会，制定并发布了一系列政策，旨在为儿童健康发展营造良好环境。

2. 相关政策

党的十九大报告提出保障民生的“七个有所”中，“幼有所育”和“学有所教”都体现了对儿童友好的关注。党的二十大报告提出“坚持男女平等基本国策，保障妇女儿童合法权益”，这一表述是第三次被写入党代会报告，凸显了保障儿童合法权益的重要性。2010 年以后，我国陆续出台了多项关于“儿童友好城市”建设的政策文件，从国家到地方、从理论到实践层面逐渐完善（表 5.5）。

表 5.5　近十年我国关于儿童友好的政策文件

发布时间	发布单位	政策名称
2011 年	国务院	《中国儿童发展纲要（2011—2020 年）》
2016 年	民政部	民政部官网回复“关于将‘儿童友好社区’纳入各级政府社区发展规划的提案”
2017 年	中国社区发展协会儿童友好社区工作委员会牵头	《中国儿童友好示范社区建设指南》
2021 年	国务院	“十四五”规划
2021 年	国务院	《中国儿童发展纲要（2021—2030 年）》
2021 年	中国儿童友好社区促进计划办公室	《儿童友好社区建设规范》
2022 年	住房和城乡建设部	《城市儿童友好空间建设导则（试行）》

近年来，各地方政府积极响应号召，将建设儿童友好城市目标纳入“十三五”或“十四五”规划，并发布行动方案来更好地指导儿童友好城市建设，将政府主导和社会参与相结合，探索适合本地发展且独具特色的儿童友好城市建设路径。目前全国已有二十多个省份均明确提出要建设儿童友好城市试点，数量在1至4个城市不等，且已有五十多个城市明确了建设儿童友好城市的目标，到2025年将会有更多的城市开展儿童友好城市建设。

为指导武汉市儿童友好城市的创建工作，武汉市出台了一系列政策文件，涵盖儿童生活的方方面面（表5.6）。2022年2月，武汉市人民政府办公厅发布《武汉市儿童友好城市建设方案》，全面开展创建儿童友好城市工作，促进儿童事业与经济社会发展相协调。

表 5.6 近年来武汉市关于儿童友好城市的政策文件

时间	发布单位	相关政策
2017 年	武汉市卫生计生委	《关于加快推进母婴设施建设和规范管理的实施意见》
2019 年	武汉市政府	《关于加强 3 岁以下婴幼儿照护服务工作的通知》
2021 年	武汉市政府	《关于推动全民健身和体育消费促进体育产业高质量发展的意见》
	武汉市自然资源和规划局	《武汉市建设儿童友好城市战略规划（2021—2035 年）》
	武汉市教育局、市发改委、市财政局、市人社局	《关于进一步做好义务教育学校课后服务工作的通知》
2022 年	武汉市自然资源和规划局	《武汉市建设儿童友好城市行动计划（2022—2024 年）》
	武汉市政府	《武汉市儿童友好城市建设方案》

3. 地方工作

2015 年，深圳市将建设儿童友好城市纳入城市“十三五”建设规划，发布了全国首个儿童友好城市建设地方标准《儿童友好公共服务体系建设指南》，从制度到场地，从设施到人文，细致入微。深圳市以前沿的实践经验和雄厚的资金支持为基础，全方位倡导儿童积极参与城市公共生活。

与此同时，长沙市也开始了儿童友好城市的探索，从政策、空间、服务三个方面展开儿童友好城市建设，制定儿童友好规划管理建设的技术指引、技术标准和编制年度儿童友好城市白皮书等，探索儿童友好城市治理“新”机制。

2008 年“5·12”汶川地震后，国务院妇儿工委办与联合国儿基会在成都建立了 3 所“儿童友好家园”，帮助灾区儿童减少心理阴影，这为成都建设儿童友好城市打下了良好的基础；2019 年，成都市正式启动儿童友好社区试点工作，以空间友好服务为突破口探索儿童友好社区建设的“成都模式”，2022 年发布《关于开展成都市儿童友好示范社区建设工作的通知》，正式开展儿童友好社区的评审工作。长沙市和成都市以丰富的理论研究和制度探索为儿童友好城市及社区建设提供了新的发展思路。

2019 年起，武汉市自然资源和规划局组织编制了《武汉市建设儿童友好型城市（CFC）空间规划研究》《武汉市儿童友好城市空间规划技术导则（试行）》，其核心成果内容已被纳入《武汉市建设儿童友好城市战略规划（2021—2035 年）》《武汉市建设儿童友好城市行动计划（2022—2024 年）》《武汉市儿童友好城市建设方案》。武汉市以江汉区为先行示范城区，开展儿童友好城区规划建设实践，在其他城区积极组织儿童友好社区的试点工作，推进武汉市儿童友好城市建设。我国儿童友好社区实践案例见表 5.7。

表 5.7　我国儿童友好社区实践案例

规划项目	参与主体权责	儿童主要参与形式	儿童主要参与阶段
深圳红荔社区儿童友好空间打造	政府提供政策支持，搭建发声平台，发动交通运输部门、街道办等支持活动； 深规院规划团队策划规划活动，引导设计； 居民儿童配合行动，主动参与	①儿童议事会 ②开放式提问 ③模拟社区游戏 ④出行路径地图制作	规划调研 规划培训 倾听诉求 共同设计 决策方案
深圳市景龙社区儿童友好示范点建设	政府宣传并投资，调动社会多方力量共同推进和参与； 资助机构响应政府提供资金支持； 中规院深圳分院团队提供规划技术指导和方案策划； 街道和社区负责策划组织活动； 小学提供绘画培训； 联港建筑工程有限公司提供施工材料和技术支持	①看“图”识路 ②你问我答 ③童声访谈	倾听诉求 规划培训 共同设计 方案回馈
武汉市青松社区更新成长营	区、街道政府发起项目，提供场地，联合妇联、教育局等多方机构共同推动； 武汉地空中心提供规划技术支持并组织活动； 万松园小学提供人员支持，控制参与人数及年龄	①与规划师对话 ②空间探索任务 ③地图标记 ④插旗设计	规划培训 规划调研 倾听诉求 共同设计 决策方案

4. 实践案例

查阅先行城市的建设指引或导则，对其进行仔细研究和解读，并关注这些城市近些年的动态，如深圳、珠海、长沙、上海等城市。通过纵向解读和横向对比，明确儿童友好社区建设的行动方向，促进武汉市儿童友好社区试点的顺利进行。我国关于友好社区的案例见表 5.8。

表 5.8　我国关于儿童友好社区的案例

规划项目	参与主体权责	儿童主要参与形式	儿童主要参与阶段
长沙市八字墙社区“农心园”	社区党委牵头，提供资金和政策支持； 湖南大学规划团队提供技术支持和规划培训； 社区物业负责场地维护与运营； 社区科教小学负责组织调研、儿童活动举办	①修复昆虫屋 ②制作“党群农心园”社区标牌 ③积木搭建活动	倾听诉求 技能培训 共同设计 方案回馈 共建空间 体验成果
珠海西城社区儿童友好示范点建设	政府为参与平台提供政策和资金支持； 社区及社区服务组织负责培训、议事会运营、管理和监督； 中山大学规划团队负责社区调研、规划设计和议事平台搭建； 居民儿童参与调研、空间建设和系列儿童成长的相关事务并表达诉求	①儿童参与访谈 ②“共绘西城”社区愿景绘画 ③童心旧物造乐园 ④用涂鸦卡片讲故事、提诉求	倾听诉求 规划培训 共同设计 决策方案 体验成果

（续表）

规划项目	参与主体权责	儿童主要参与形式	儿童主要参与阶段
上海社区花园“百草园”	街道、社区提供政策支撑和资金支持，引导参与； 同济大学公益团队提供规划技术支持； 公益组织提供培训课程； 居民儿童参与共建共享	①儿童愿景表达 ②花园植物设计种植 ③共治理念商讨决策 ④居民共同实施建造	倾听诉求 共商策略 规划培训 共同设计 决策方案 共建空间 维护评价 长期运营
天津南翠屏公园	社区宣传并引导居民参与； 高校联合工作坊负责社区调研、居民动员、规划编制和设计引导； 居民儿童参与调研、方案构思和方案决策，但不参与方案设计	①配合调研访谈 ②用照片选出场地愿景 ③用故事分享日常活动 ④用便利贴记录常去场所 ⑤举办多方案模型商讨会	召集动员 规划调研 倾听诉求 共同设计 方案回馈 体验成果

5.3.3 社区微更新发展态势

我国城市正处于提质增效发展的关键时刻，城市更新模式逐渐从大规模改造转向微更新。社区是城市更新的基本单元，社区公共空间不仅承载着居民的日常活动，还包含生活、历史、产业、文化与环境等多向度的意义，是提升老幼身心健康和营造社区归属感的重要场所。社区居民对生活品质的要求逐步提高，使城市社区微更新改造成为一种内涵式空间治理新模式。社区微更新，主要有以下三个方面的特征：其一，项目的体量小，指的是微小的空间、小规模的空间更新，而非大拆大建的改造；其二，问题的尺度小，指的是聚焦影响城市民众日常生活品质的空间问题，空间的更新能显著地提升民众的生活满意度和幸福感；其三，更新的方式独特，指的是在空间重构和更新中，鼓励社区群众直接参与，形成社区空间共建共享氛围。在“一老一小”政策提出后，社区微更新模式虽然在老幼共享空间建设层面有所尝试，但对老幼群体特征、代际交流及代际服务层面的探索仍然不足。当前社区微更新中，老幼群体作为参与主体的机会有待增加，老幼对社交、娱乐及学习的具体需求有待挖掘。

5.3.4 国内外老幼共融实例及老幼耦合模式探究

1. 国内外老幼共融的社区微更新案例

“十四五”规划提出要以“一老一小”为重点完善人口服务体系，发展普惠托育和基本养老服务体系。此后，国内将老幼作为统一体探讨的研究增多，老幼共享研究拓展至心理特征、共享福祉设施与景观设计等层面。并且，社区微更新中将老年人与儿童作为服务主体的尝试不断涌现。例如，上海杨浦区控江社区“多代屋”项目，建设了一个全龄宜居、充满活力的社区空间，综合解决了托幼和养老问题，有效促进了老年人与儿童的融合；山东夏津县福泽社区采用“老幼共融”志愿服务模式，召集有特长的老年人向儿童传授技能，将社会养老与托幼服务相结合，促进代际间情感、知识与文化的传递；杭州余杭区瓶窑镇的“朝夕美好”幸福家园项目通过“一中心多站点”模式，整合了养老中心、老年食堂及儿童之家等配套设施，实现了老幼资源的全覆盖。瓶窑镇依据“朝夕美好 +”民生服务品牌，构建了“浙里康养”“浙有善育”的老幼服务网络，提升了老幼代际的服务水平。

2. 国外老幼共融的社区微更新案例

20 世纪 70 年代末美国开始出现代际项目，旨在通过老幼之间的持续交流，增进双方之间的理解和尊重，从而促进代际融合。由于社会、教育及文化的价值取向的差异，代际项目在不同国家有着不同的发展模式。例如，德国的“利多多代屋”模式通过建设非血缘关系的代际共享空间，促进不同年龄群体之间的行为互动、生活互助及情感交流等；日本的“老幼复合型设施”在社区养老设施的基础上加入儿童空间及服务，将老年人与儿童聚集在同一空间中，希望通过空间的耦合产生行为的互动，从而打破代际隔阂；新加坡的“海军部村落”集合老年公寓、医疗康养、托幼服务、商业娱乐等多种功能，通过功能空间的交叉和多样布局，为多代群体打造了宜居的生活空间；美国的“圣文森特代际学习中心”模式则是将养老院和幼儿园结合，为老幼群体提供共同学习的空间和情感交流的桥梁。

3. 国内外老幼共融案例的老幼耦合模式探讨

对比国内外老幼耦合的社区微更新案例（表 5.9）可以发现，代际融合实践已取得一定的成效，老年人与儿童受到关注，需求得到重视。但老幼耦合模式的应用多集中在资源耦合与服务耦合层面，强调对老年人与儿童的服务，老年人与儿童的身份为“被服务者”。老幼群体在此耦合条件下，行为互动难以产生，能动性无法在老幼耦合模式中发挥最大效益，这在无形中强调了老幼群体的弱势身份，削减了老幼参与社区微更新共治共建的机会。

表 5.9　国内外老幼耦合的社区微更新案例

所属国家	地区	典型案例	老幼耦合模式	老幼耦合内容
中国	上海杨浦区控江社区	多代屋	资源耦合	建设了一个全龄宜居、充满活力的社区空间
	山东夏津县福泽社区	“老幼共融”志愿服务	服务耦合	召集有特长的老年人向儿童传授技能
	杭州余杭区瓶窑镇	“朝夕美好”幸福家园	资源耦合 服务耦合	整合代际友好设施，构建老幼服务网络
德国		利多多代屋	资源耦合	建设非血缘关系的代际共享空间
日本		老幼复合型设施	资源耦合	在社区养老设施的基础上加入儿童空间及服务
新加坡		海军部村落	资源耦合	集合老年公寓、医疗康养等老幼群体需要的功能
美国		圣文森特代际学习中心	资源耦合 服务耦合	将养老院和幼儿园结合，提供老幼学习交流空间

当前虽然面向老年人与儿童的福利政策与服务体系不断完善，但少有以老幼群体为参与主体、发挥老幼群体的力量的社区微更新实践。随着老龄化的加剧和少子化趋势的显现，代际交流缺失与代际耦合不足等问题更加明显。因此，本研究以武汉市春和社区屋顶花园建设为例，探讨如何在资源耦合及服务耦合的基础上，强化行为耦合的作用，将老年人与儿童转化为社区微更新的“服务者”，发挥老年人的经验与儿童的活力，以期发掘一种基于老幼耦合模式、发挥老幼力量的社区微更新模式。

目前，随着一老一小问题的凸显及美好人居环境需求的增长，社区微更新模式已成为城市可持续发展的重要手段之一。老年人与儿童是社会发展的重要力量，如何在社区微更新中发挥老幼群体的力量成为一个紧迫的课题。在本研究中，我们探讨了老幼耦合模式在社区微更新中的应用及其对提升社区凝聚力的作用，为解决我国“一老一小”问题提供了新的理论视角和实践路径。春和社区屋顶花园、沙湖社区及仁尚里社区的老幼耦合模式的成功说明该模式在缓解养老和育幼压力、促进社会和谐方面具有重要意义。因此，在社区微更新实践中进一步推广和应用老幼耦合模式，引入现有的社区微更新与公众参与机制，以期充分挖掘老幼群体的潜能，通过代际力量建设高质量发展的城市空间。

5.4 儿童友好社区的策略与建议

5.4.1 结合东亚情况进行多学科交叉的城市规划策略

鉴于东亚与欧美在文化背景、政府与市场的角色、城市规模和密度等方面存在差异，在推动儿童友好的绿色城市建设时，应根据东亚的具体情况，从欧美的建设经验中吸取教训。在此框架下，东亚地区可以采取以下策略来建设儿童友好的绿色城市。

①聚焦东亚文化特色。大多数相关研究集中在欧美国家，对东亚地区绿色城市社区对儿童影响的研究相对较少。未来的研究应超越西方中心论，挖掘东亚特色，深入分析城市社区的发展现状、文化背景和社会特点。

②本土化策略与国际视角的结合，挖掘社区自身特色。尽管过去几年研究趋势已经从单纯关注儿童身心健康转变为构建儿童友好城市的多元研究，但仍有大量研究侧重于城市绿化对儿童健康的影

响。这表明在儿童友好绿色城市研究领域，理论的深入和综合性研究还有待加强。未来东亚的相关研究应结合东亚低生育率的社会现实，如“高龄少子化”“隔代养育”等社会问题，进行本土化的特色研究，并将西方的思想和方法与东亚的历史文化相结合。同时，应进一步关注儿童友好城市空间设计原则、社会参与以及儿童权益等方面。

③跨学科协作与多学科交叉。儿童友好的绿色城市建设涉及多个学科领域，如环境科学、规划与设计、社会学等。因此，需要进行更多的跨学科合作和交流，以促进绿色城市研究的整合发展，并为绿色城市的建设提供更全面、系统的指导和决策支持。具体措施包括设计儿童友好的城市公共空间、规划安全的交通环境、充分利用绿地和自然空间、提高城市规划决策中的儿童参与度等，以在东亚绿色城市背景下提供更友好的儿童环境，满足儿童需求，促进儿童健康成长和全面发展。

5.4.2 具有特色的营造建议

结合东亚文化特性和地域个性，特提出以下具有特色的营造建议。

①空间优化。鉴于东亚城市的高密度特性，应着重优化社区内的公共空间，例如增加儿童游乐设施和开放式学习区域，并在建筑外墙和屋顶种植绿色植被，为儿童提供更多接近自然的空间。同时，为缓解交通压力，应重视儿童交通安全，如设置安全通道、拓宽学校周围的人行道，并加强交通安全教育。

②东亚育儿文化与多世代传统。在东亚的育儿文化和低生育率社会背景下，家庭和亲子关系尤为重要。规划绿色城市时，应考虑引入多功能的家庭休闲区和亲子活动中心，以加强家庭成员间的联系和互动。鉴于对学业的重视，城市规划应与学校、图书馆和其他教育设施紧密合作，例如创建学习园区或户外阅读角落，以满足现代家庭的学习和休闲需求。

③“一社一品”挖掘社区特色，鼓励社区多元参与。东亚地区在社区参与方面通常较为缺乏，多数决策都是由上而下推行的。建

议定期举办家庭日和其他社区活动，促进家庭与社区的互动，增强儿童的社区参与意识。组织各类特色活动，听取家长和儿童的意见，确保城市规划能够满足儿童及其家庭的实际需求。

④政府政策引导。政府不仅应扮演规划者和监督者的角色，还应积极吸引企业参与城市建设。政府通过提供税收减免、资金支持等激励措施，鼓励企业在社区增设儿童友好设施或提供相关服务。结合文化特色和经济布局，政府可以推动如儿童主题绿色公园等游园空间的建设，这不仅能满足儿童的多元化需求，也能为地方经济注入新活力。

东亚的儿童友好城市与社区建设不仅涉及城市规划，还涉及文化、经济和社会等多个方面。深入了解东亚的独特性和需求，才能提出更具针对性、前瞻性的策略和建议。未来研究应从这些角度出发，综合考虑儿童权益、环境保护和可持续发展的目标，同时在规划和实施过程中加强政府、社区和家庭的多方合作与参与。

5.4.3　结语

建立儿童友好的东亚城市与社区不仅可以促进儿童健康成长、增加居民福祉，还可以促进公共基础设施发展，在生态环境和居民健康方面促进绿色城市的实施。笔者团队对 WOS（Web of Science）核心合集数据库关于绿色城市与儿童的英文文献进行了文献计量分析，并梳理了绿色城市对儿童身心健康成长的影响与两者之间的联系，得出如下结论。

①文献研究数量不断增加。相关研究呈现明显的上升趋势，这反映了学界对绿色城市人居环境与儿童健康议题的日益关注与投入。绿色城市具有显著的健康促进作用：研究表明，绿色城市、社区花园等的建设可在提供良好的生活环境、降低环境风险、促进身体活动和社交互动等方面，对儿童的身心健康产生积极影响。

②全球的研究呈现跨学科的特点。构建儿童友好的绿色城市与社区，是一个复合且全面的议题，涉及环境、地理、生态、医学、健康等多个学科领域，这表明理论探索与实证研究在同步进行。

③社会思潮逐渐转变。从医学健康主题（如肥胖、哮喘、心理

健康等）向规划与社会学相关主题（如环境正义、儿童友好等）转移，表明研究者们开始更深入地关注儿童在城市环境中的社会地位、公平性，以及城市生活的参与。随着社会思潮的变化，儿童作为城市使用者的角色日益凸显。尤其在生态系统服务领域，儿童已经逐渐从一个被动的参与者转变为主要的研究对象。

因此，东亚地区可从欧美实践中借鉴儿童友好的城市规划、安全交通环境、自然绿地利用、儿童社区参与等，在构建绿色城市时将儿童这一群体纳入城市规划设计考量范围。综合环境、健康、社会和经济等多个维度，深化跨学科研究和交叉合作；理解并解决儿童面临的各类身心问题；与当地文化社会背景和城市发展现状相结合，进行适当调整和创新，营建可持续发展的儿童友好城市与社区。

6

儿童友好空间更新机制探索

插图 何雨露

6.1 武汉市社区儿童友好现状及问题所在

6.1.1 儿童友好服务的困难及种类

1. 儿童活动开展遇到困难

儿童友好活动存在开展困难以及频率过低的情况。武汉市超过七成的社区的建设年代都在 2010 年之前，社区内的基础设施老旧且不完善，社区缺乏资金支持、活动空间不足、活动场地不安全，这导致社区面向儿童的活动很难以实际形式展现出来。绝大多数社区每年面向社区儿童开展的活动不超过 12 次，更有少部分社区未开展过相关活动。有些社区存在开展儿童友好活动宣传力度不够的问题，大概 22% 的居民表示自己未曾了解过社区开展的活动。

大部分社区居民更青睐亲子互动的活动形式，部分居民愿意参加教育讲座与社区儿童公共空间建造等儿童友好活动，少部分家长不愿意参加儿童友好活动。部分社区相关儿童友好活动的举办效果以及活动形式，未达到家长期望，这表明社区居民参与活动的积极性虽然高，但参与次数少。

2. 儿童友好服务种类单一，缺乏丰富性

大部分社区为儿童提供的服务种类单一，只提供安全教育、家庭教育等支持性服务，有三成左右的社区额外为儿童提供困境儿童特色服务等补充性服务、儿童心理健康等保护性服务，少部分社区提供儿童日间照料中心等替代性服务。但约有两成的社区不提供任何服务。社区应加强创新意识，与社会组织或者专业机构达成合作，丰富儿童服务种类，加大宣传力度，吸引更多人参与儿童友好社区活动。

6.1.2 儿童友好空间的局限性及类型

1. 儿童活动空间具有局限性

局限性体现在两个方面：一是儿童活动空间不足且类型单一，大多数社区中可供儿童游玩的场地以绿地和广场为主，而社区的运动健身器材大多安置在广场或绿地上，儿童活动空间被进一步压缩，

甚至还有可能会被居民占用，空间面积减少使儿童游乐活动受限；二是儿童活动场地存在安全隐患，大部分社区的儿童公共活动空间存在活动场地、设施缺少规范，交通状况复杂等问题，少部分社区还有治安隐患、场地照明、场地周边存在水域等安全问题，不利于社区儿童的游乐活动；三是大部分社区存在零散闲置空间，对空间的利用率不高，对社区中零散空间的利用，大部分人表示愿意与专业人士合作，将其改造成为儿童游乐场所，扩大儿童游乐空间。

2. 儿童活动空间的类型匮乏

大部分社区儿童活动空间类型匮乏，没有母婴室、托管室等服务幼龄儿童的设施，也没有儿童无障碍设施。户外空间类型缺乏特色，活动设施单一。活动空间的自然环境与卫生环境空间质量差，有待治理提升，同时也需要增加卫生间、休息座椅等配套设施的数量与种类。只有少数社区的儿童活动空间类型丰富，能够为社区儿童提供功能完善的活动空间。

6.1.3 儿童友好参与现状

1. 维护儿童权利的意识普遍提高，宣传力度仍需加大

武汉市重视儿童事业和儿童发展，从“九五”到“十三五”，先后实施了五个周期的儿童发展规划，为儿童生存、发展、受保护和参与权利的实现提供了重要保障，为儿童参与提供了制度性保障。社区加快推动儿童友好基础设施建设，出台儿童参与相关制度与政策，宣传普及儿童平权的价值观，让社区居民充分了解儿童拥有的参与权、知情权和决策权，培养社区对儿童参与的普遍认识。

社会公众维护儿童权利的意识普遍得到提高，但由于公众获取宣传信息的渠道和精力有限，知识普及的覆盖面和渠道仍需进一步扩大。绝大部分被调查者认为儿童对社区公共事务提出的合理意见应该被重视并得到反馈，但仍有 2% 的被调查者认为儿童的意见并不需要理会。

2. 儿童参与能力培养初有成效，参与度有待提高

武汉市进一步调动儿童参与的积极性，实施儿童融入水平提升行动，建立市、区、社区三级儿童代表制度，开展“儿童友好城市

建设我建言”活动，在公共空间的公共设施改造建设方案制定、决策公示、评估反馈等环节中尊重儿童需求表达。社区积极响应号召，重视儿童参与能力和责任感的培养，采用“小小志愿者”“儿童参与社区更新成长营”“垃圾分类”实践教育活动，以及“小花朵公益课堂”等多种丰富有趣的形式向社区儿童讲解参与社区事务的相关专业知识，鼓励儿童表达自己的想法和观点。近八成社区在儿童参与能力培养上初有成效，已经通过多种形式与儿童、家长进行社区共建。

由于儿童参与能力培养的各类活动和实践仍以政府主导推动或成人规划安排为主，且社区开展社区共建活动的宣传渠道有限，儿童参与度并未达到预期。多数社区内的儿童和家长对社区建设意义和目的缺乏充分的理解和认识，社区并未开展相关宣讲活动。

3. 儿童参与制度有待完善规范，长效机制尚未建立

武汉市积极推动社会政策友好，建立健全儿童参与和服务机制，提高儿童参与能力，探索建立社区儿童议事平台和机制，并不断进行优化。社区推进市级引导，在社区公共事务中尊重儿童需求表达，

完善儿童参与平台，培育以儿童为主体的议事组织；建立儿童议事机制，开展儿童及青少年议事活动。

由于资金不足、缺乏儿童教育和社区规划等多种原因，社区儿童参与制度与平台有待进一步明确与建立，儿童参与权利需要进一步通过长效的儿童参与社区建设机制来保障。多数社区仍把实践活动、专题讲座等形式作为儿童参与社区建设渠道，收集儿童意见并落实到社区建设管理中，基本停留在建议层面，并未出台儿童参与相关的制度规范，也尚未形成以儿童为主体的儿童议事会等专门组织作为儿童参与平台；武昌区长江紫都社区、江汉区中大社区、东西湖区长墩堤社区等成立儿童议事会和建立儿童参与社区相关事务的组织平台，开展社区公共空间品质提升、垃圾分类等议事活动，但这些组织平台都未推出参与决议的具体流程和制度规范来保障儿童参与的权益，也尚未形成常态化持续性的长效机制。

6.1.4 武汉市儿童友好社区问题解析及空间更新策略

1. 武汉市社区在儿童友好方面存在的问题

武汉市社区儿童游憩空间存在分散化、贫乏化问题。在空间规划与布局上需要盘活社区剩余空间，积极进行社区更新的试点建设，鼓励老幼等多世代共建改造社区空间。社区微更新注重公共问题及群众需求，鉴于老幼群体参与社区更新与改造的沟通意愿强烈，聚焦老年人与儿童群体社区生活的改善成为社区发展新趋势。

随着中国老龄化、少子化趋势的加速到来，老幼同养成为解决“一老一小”问题的良策。结合“高龄少子化”“隔代养育”等社会问题，进行在地化、本土化的特色研究与实践成为当下热点。“一社一品”挖掘社区特色，鼓励社区多元参与（图 6.1）。政府在政策方面还需加强引导与规范。营造经费来源同样也是现阶段面临的严峻问题之一。

社区内部涌现了众多“自下而上”的改造，这体现了群众的智慧。但社区群众看不懂设计图纸，亟须专业改造团队指导社区改造与更

图 6.1 “一社一品”特色社区举例

新建设。并且设计师退场后的可持续性运维长效机制的建设也成了即将面临的社区更新问题。

其他类似弃置地的活化与再生，如乡村的剩余空间盘活与艺趣化改造等也会成为未来发展的热点之一。

2. 近三十年城乡游玩意象的时空演变趋势，以日本为例

研究结果展示了与儿童游乐相关的五种变化模式，阐述了游玩中的“身体性（身体游戏）”和“单独 / 共同游玩”与“城市人工地”的基本结合，构成了城市社区的开放空间中儿童规划和设计的基本

模式。这表明儿童在其生活空间附近的日常活动是其游玩的基础。此外，近年来，游玩中的“身体性（身体游戏）”也在增加。

从空间规划视角看，通过与自然的接触，增强多样性和可玩性是优化与提升社区游憩空间的好方式。近年来城市住宅小区数量增加，人们对自然因素重要性的认识日益加深，“创造性”和“单独/共同游玩”的发挥空间已然减少。然而，在过去的几十年里，单调的基于基地的冒险/创造游戏的模式一直存在，增加自然因素和追求游玩方式的多样性，也可增强其可玩性。

从社区更新视角看，应从儿童角度出发，挖掘社区剩余空间的利用价值，提高社区游憩空间的可玩性；营造高质量且丰富的多世代共享的游憩空间场景；还应考虑其可持续发展场景。

3. 武汉市儿童友好社区空间建设与更新策略倾向

从儿童的视角出发，尊重儿童身心发展特点，同时考虑看护人的活动特征，确保所有儿童都能公平享有便捷、舒适、包容的设施、空间和服务。儿童友好空间的建设应在城市、街区、社区三个层级上统筹推进，落脚点需要在社区营造上。

根据不同地区的情况和特点，制定符合社区特色的儿童友好空间建设策略。鼓励有条件的社区进行改革创新，探索新的建设模式和儿童参与机制。

结合社区地域活化与更新活动，鼓励儿童参与社区规划和治理，以实现以“一老一小”为核心的多世代的共建与交流。

6.2 多世代的儿童友好结合地域个性的社区共建

6.2.1 “一社一品”的地域个性解析

景观是人们的生产生活与土地等自然环境相互作用的产物，是地域个性的重要体现，是一种“地域资源”。以此为前提，地域独有的个性景观与日常生活密不可分，承载着人们的美好回忆，也记录了人们共同经历的历史变迁，并能够促进居民沟通与交流，发挥着维系当地居民交流的纽带作用。因此，审视集体共有的地域景观，能够使当地居民重新认识身边习以为常的风景，加强对所在地域的了解。而管理与维护地域独有的个性景观，能够提高居民对地域的归属感，发挥重构地域交流的作用。因此，以“儿童友好城市”“一老一小”“青年友好”等为契机，从“空间规划视角”探索与实施社区的地域性的活化与更新就显得尤为重要。

“一社一品”是中国在基层治理方面的一种创新模式，在社区建设与治理过程中，充分研究挖掘具有本地特色的文化、自然与产业等资源，实现社区地域差异化发展，打造具有特色的社区品牌。它旨在通过特色化、品牌化的社区建设，提升社区治理水平和居民生活质量。这一模式的核心在于挖掘和发挥每个社区的独特性，在满足居民需求的基础上，打造具有地域个性的品牌化社区，从而增强社区服务的个性与多样性。

当前“一社一品”的社区治理模式已在武汉有多个实践案例，例如花山街道党工委积极响应高新区“社治十条”全力打造“一社一品”栏目。依据街道下的杏园社区、春和社区、白羊山社区及花山社区等 11 个社区自身的特点打造服务友好型、乐活型、儿童友好型及融合型多类型的社区。

多个社区的实例表明，“一社一品”通过特色化、品牌化的社区建设，可以提升社区治理的效能和水平，使社区管理更加精细化和专业化。同时，社区的个性化建设，不仅为居民提供了更高质量的社区环境，还增强了社区居民的归属感和认同感，从而提高了社区的凝聚力。并且，“一社一品”依据社区自身人群结构、产业结构及地理环境做出的定位尝试，可以探索适合不同社区的治理模式，推动基层治理的创新和发展。

6.2.2 利用社区地域空间资源助力儿童友好建设

合理利用社区地域空间资源、历史文化特色等，将其与儿童友好社区建设主题相结合，制定社区空间的可持续发展规划，形成“一社一品”的独特建设模式，促进社区间的交流与合作，进而为儿童友好城市的建设提供有力支撑。

6.2.2.1　个性化

1.“一社一品”特色建设

武汉九省通衢，具有鲜明的历史文化特色及强烈的地域个性。社区儿童友好空间建设可结合该社区各类文化进行主题营造。同时，也可通过儿童可参与的精神文明创建系列活动，提炼社区活化主题，加强社区间的合作与资源共享，促进社区共建与文化交流。

2. 个性化生态本底建设

武汉利用大江大湖特色进行社区个性化建设。例如临湖临江社区，可进行社区主题规划。

6.2.2.2　多元化融合

可针对多世代，进行多元化融合，进行多世代共享的新社区营造与设计、老旧小区的微更新与空间优化，聚焦“一老一小”群体进行社区活化与更新。也可以加入智慧化的设施或平台，融入多学科交叉、高科技等进行社区特色化建设。

6.2.3 老幼耦合的多世代公众参与

为进一步验证老幼耦合模式的合理性，笔者所在的营造团队在武汉市建成历史较长的沙湖社区与新成立的春和社区和仁尚里社区进行了基于老幼耦合模式的社区微更新尝试。社区的老幼共融基础不同，老幼资源整合及服务提供也存在明显差异，但更新结果均显示，老幼耦合模式能够激发老年人与儿童的积极性，发挥老幼智慧，提升社区微更新效果。

当前我国正面临人口老龄化和少子化的问题，社区微更新是解决这一问题的新模式，虽然国内外已有关于老幼共享空间建设及老幼共融模式的尝试，但仍存在社区微更新中老幼参与缺失及老幼群体需求挖掘不充分等问题。春和社区的屋顶花园实践基于老幼耦合模式进行社区微更新，在资源及服务耦合的基础上，为老幼群体提供了代际行为互动的机会，有效地打破了代际隔阂，促进了代际融合。在代际共建过程中，老年人分享经验，儿童提供活力，通过代际力量提升社区微更新的质量。同时，老幼活动共同参与也是一种老幼互助的形式，老年人与儿童在活动中相互支持，相互照顾，有效缓解了养老和育幼的社会压力。春和社区的案例显示，老幼耦合模式在社区共建过程中及后续活动中均能发挥作用，实现社区微更新自下而上的长效运营。花园共建结束后，营造团队向 24 名老年人与 24 名儿童分别发放问卷进行调查，调查结果显示：79% 的参与者表示与多年龄段的人交流了想法，82% 的参与者觉得更新后的场地满足了自己的需求。综上所述，老幼耦合模式在社区微更新中具有独特作用，有助于提升社区微更新效果，增强老幼群体的社区归属感，是一种值得推广的社区微更新手段。

6.2.4 儿童友好建设盘活社区剩余空间

通过多元共治模式，可增强居民对社区的归属感和认同感，提高居民生活质量。通过对社区剩余空间的活力改造，可为居民提供一个共享的绿色空间，可以促进居民之间的交流和互动，增强社区的凝聚力，提高居民对社区环境的满意度和生活质量。

通过多元共治模式整合社区资源，提高社区剩余空间的运维效率和服务水平，实现长效管理，并促进不同社区服务机构间的协作，共同推进社区剩余空间的可持续发展。通过多元共治模式，可以整合政府、企业、社会组织和居民等多方资源，提高社区剩余空间的运维效率和服务水平，实现长效管理。同时，通过促进不同社区服务机构间的协作，可以共同推进社区剩余空间的可持续发展，实现社区环境的持续改善。

通过多元共治机制引入外部力量，提升社区剩余空间的美观性和功能性，同时促进可持续设计理念的实践，推动环保、节能和生态友好的社区空间建设。在高密度城市社区中，社区剩余空间不仅提供了打造休闲娱乐场所的可能，更能够展示可持续设计理念和生态友好理念。

建立可以普遍适用的社区剩余空间运维机制，可助力实现可持续发展。该机制主要聚焦社区剩余空间的建设、运营和维护等方面，以实现社区剩余空间的可持续发展。通过该机制的建立，可为其他高密度城市社区的剩余空间改造和活力再生提供参考和借鉴。

7

总结与展望
——聚焦多世代共享的高质量游乐空间的优化与提升机制

插图 魏亚迪

本研究在国家提出建设儿童友好城市和营建“以人为本”的特色城市空间，以及随着“老龄少子化”现象的加剧，我国老幼同养、隔代抚养等成为社会热点问题的背景下，以多世代共享空间的迫切需求现实为研究缘起，重点围绕游玩方式与游乐空间特征的相互关系，多世代共享的高质量社区游乐空间营建，结合多学科理论，运用多种技术手段对城市共享游憩空间优化进行探究。

7.1 研究的意义与主要结论

1. 应对东亚低生育率、聚焦多世代共享的高质量游乐空间的优化与提升

随着“高龄少子化”的加剧，在我国特色老幼同养、隔代儿童抚养等亟须面对的社会热点和问题背景下，以多世代共享空间的迫切需求现实为研究缘起，重点围绕游玩方式与游乐空间特征的相互关系，构筑可玩性解释理论；结合多学科理论，运用多种技术手段对公共游乐空间优化进行探究。研究可对城市游乐空间的整体布局、

游玩类型优化、空间环境优化等产生示范效应与启示意义，也为全国城市的游乐空间的营造与优化提供理论支撑与科学依据。

2. 研究区域明确，对多世代共享空间有一定的研究成果

研究范围为城市儿童共享的各类型游乐空间，以多源数据为依托，将定性判断与定量分析结合，从“游玩意象的时空演变研究”和“可玩性解释理论构筑释义”两个角度递进展开研究。通过对既往研究进行梳理分析，了解学术发展动态，挖掘城市游乐空间布局特征和时代变化规律；明确与量化多世代背景下儿童对各类共享游乐空间的需求。对我国老幼同养、隔代儿童抚养等亟须面对的社会热点问题进行梳理与分析；探讨未来可能的多世代共享游玩模式，在现有游乐空间整体布局、游玩类型优化、空间环境优化等方面提出改进策略和建议，以期推动适应我国发展、科学可行、符合我国特色游乐理论体系的构建，为儿童空间设计实践提供科学依据。

在此背景下可采取以下策略以建立多世代共享的高质量的儿童友好游乐空间。

①将亚洲作为方法，以东亚为主体进行科学研究：目前大部分

相关研究都聚焦于欧美国家，为了更全面地理解和解决东亚儿童在城市环境中所面临的问题，未来研究需打破西方中心论，从亚洲出发进行研究，对东亚地区绿色城市的发展现状、文化背景以及社会特点进行深入分析。

②国际儿童研究的我国本土化策略：尽管过去几年研究趋势已从单纯关注儿童身心健康向构建儿童友好城市转变，但仍有大量研究侧重于城市绿化等因素对儿童健康的影响。这揭示了在儿童友好城市的研究领域中，理论深入和综合性研究仍有待提升。为了应对东亚低生育率社会“高龄少子化”、中国特色的“隔代养育”等社会热点问题，未来将进行在地化、本土化特色研究，将西方思潮和方法与东亚历史文化相结合，并进一步关注儿童友好城市空间设计原则、社会参与以及儿童权益等方面。

③积极进行多学科交叉合作，从规划景观层面解决社会问题：儿童友好城市空间涉及多个学科，如环境科学、规划与设计、社会学等。因此需要更多跨学科的合作和交流，并为高质量人居城市的建设提供更全面、系统的指导和决策支持。

7.2 研究的创新点

1. 聚焦低生育率问题，以多世代共享为切入点进行游乐空间优化研究

以往研究多以调研儿童行为模式入手研究城市游乐空间配置与优化，往往忽略了我国城市用地不足、游乐空间破碎化问题。为解决日益严重的“老龄少子化”问题，我国人口政策也进行了重大转型：由“一孩”向“多孩”政策过渡。伴随家长双职工工作的情况，儿童的照看与陪伴成了严峻的问题，而居家养老问题也同样日益凸显。随着越来越多的隔代抚养与老幼社区交流等情况的出现，多世代之间的空间共享与相互交流成为从城市角度解决这类问题的有力途径。本研究从城市居民的日常福祉及高效活用城市公共空间功能着手，探寻日本在多世代的人口政策转型背景下的城市儿童空间问题，以期为我国的儿童友好理论与实践提供借鉴。

2. 结合游玩意象的时空演变规律，提出用“可玩性”量化游玩需求

本研究首次提出“游玩意象”一词，以描述游乐行为模式与空间特征之间的相互影响与变化，并以此为切入点，关注时代的变化性（即游玩意象的时空演变），这是与游乐相关的研究新模式。这有助于解决城市游玩空间碎片化、贫乏化问题，对全国城市游乐空间的营造有着重要的实践意义。基于其时空演变进行游玩可视化研究，提出了用“可玩性”这一新评价方式，将儿童视角下的空间需求量化，构筑具体的解释理论，从而明确游玩需求，这是理论创新部分；给出可玩性各个维度的概念与释义，有助于评估游乐空间的可玩性，这是方法论创新。

3. 构建多世代游玩图谱，优化共享空间，并量化儿童游玩需求，为儿童友好城市营建提供量化参考指标

本研究基于城市共享的游乐空间视角对城市游玩意象、可玩性等进行价值提取研究；构建多世代游玩图谱，优化城市游乐共享空间；量化儿童游玩需求，为儿童友好城市营造提供量化参考指标。

这有助于挖掘城市儿童共享游乐空间布局的特征和规律，进而服务于儿童友好城市及城市特色空间的营建与优化。

参考文献

[1] Bontchev B, Vassileva D, Aleksieva-Petrova A, et al. Playing styles based on experiential learning theory [J]. Computers in Human Behavior, 2018, 85: 319-328.

[2] 王磊 . 晚清东北旗人的婚姻与死亡风险关系探析——基于中国多世代人口数据库（双城）[J]. 人口与经济，2015(2)： 21-29.

[3] 方昉 . 多世代混合居住社区建筑与景观规划设计 [D]. 开封：河南大学，2018.

[4] 白亚茹 . 老龄化社会的异世代共存 [D]. 南京：东南大学，2017.

[5] Qing Q, Kazuhiko W N, Kiyotatsu Y, et al. A study on changes to the form of children's playgrounds in Japan by analyzing the JILA Selected Works of Landscape Architecture [J].Sustainability, 2019, 11(7): 21-27.

[6] 林帅君，孙晓晴，陈炜 . 基于互动理念的儿童户外行为与户外空间的关联性研究 [J]. 建筑与文化，2019(1)： 162-163.

[7] 肖晓楠，韩西丽 . 城中村儿童户外体力活动空间特征及其环境影响因素——以深圳市平山村为例 [J]. 现代城市研究，2019(1)： 8-14.

[8] Pluhar Z F, Piko B F, Uzzoli A, et al. Representations of the relationship among physical activity, health and perceived living environment in Hungarian urban children's images [J].landscape and Urban Planning, 2010, 95(4): 151-160.

[9] 丁恺昕，韩西丽 . 深圳市户外游戏场地空间特征对儿童游戏行为和综合发展的影响研究 [J]. 规划师 , 2019， 35(15)： 87-92.

[10] 韩西丽，崔榕娣 . 我国城市居住区儿童活动场地建设中的决策机制 [J]. 住区 , 2013(5)： 35-39.

[11] 丁宇 . 城市儿童游戏空间研究与规划思考——以武汉儿童游戏空间为例 [C]// 中国城市规划学会 . 和谐城市规划——2007 中国城市规划年会论文集 . 哈尔滨：黑龙江科学技术出版社，2007：1257-1264.

[12] Senda M, Miyamoto S. Research for the structure of children's play environments: space logic of the play environment [J]. Trans Archit Inst Jpn, 1981, 303: 103-109.

[13] Tsneg S, Asakawa S. Changes of children's outdoor play activities and consciousness of play space in winter Sapporo [J]. Journal of the Japanese Institute of Landscape Architecture, 2004, 67(5):703-708.

[14] Senda M. Child and the play [M]. Tokyo, Japan: Iwanami Shoten Publishers, 1992.

[15] 王霞，伍莉，张菁，等 . 户外儿童游戏空间设计的科学性探索研究——Woolley & Lowe 评测工具及其应用 [J]. 中国园林，2020，36(3)：86-91.

[16] 沈瑶，木下勇，贺磊 . 高层居住小区儿童游戏空间发展特征与更新方向 [J]. 人文地理，2015，30(3)：28-33，110.

[17] 卞一之，朱文一 . 营造城市空间的可玩性——从美国卡布平台到可玩型城市认证 [J]. 城市设计，2019(4)：52-61.

[18] 张谊 . 国外城市儿童户外公共活动空间需求研究述评 [J]. 国际城市规划，2011，26(4)：47-55.

[19] 张璐霞，耿晓杰 . 儿童纸板家具的可玩性设计研究 [J]. 家具与室内装饰，2015(4)：64-65.

[20] Fjørtoft I, Sageie J. The natural environment as a playground for children: landscape description and analyses of a natural landscape [J]. Landscape and Urban Planning, 2000, 48(1/2):83-97.

[21] 沈瑶，张丁雪花，李思，等 . 城市更新视角下儿童放学路径空间研究——以长沙中心城区案例为基础 [J]. 建筑学报，2015(9)：94-99.

[22] 沈瑶，刘晓艳，刘赛 . 基于儿童友好城市理论的公共空间规划策略——以长沙与岳阳的民意调查与案例研究为例 [J]. 城市规划，2018，42(11)：79-86，96.

[23] UNICEF. Partnerships to create child friendly cities: programming for child. rights with local authorities. New York: UNICEF/IULA (2001-4) [2018-0324]. https://www.unicef.org/spanish/publications/files/pub_child_ friendly_cities_sp.pdf.

[24] 下村彰男，刘铭 . 日本地域景观的独特性及其可持续管理 [J]. 风景园林，2019，26(9)：109-118.

[25] 西村幸夫 , 伊藤毅 , 中井祐 . 風景の思想 [M]. 京都：学芸出版社，2012.

[26] Woolley H, Dunn J, Spencer C, et al. Children describe their experiences of the city centre: a qualitative study of the fears and concerns which may limit their full participation [J]. Landscape Research, 1999, 24(3): 287-301.

[27] Li C, Seymour M. Children's perceptions of neighbourhood environments for walking and outdoor play [J]. Landscape Research, 2018, 5: 430-443.

[28] Herrington S, Studtmann K. Landscape interventions: new directions for the design of children's outdoor play environments [J]. Landscape and Urban Planning, 1998, 42(2): 191-205.

[29] 沈瑶，刘晓艳，云华杰，等 . 走向儿童友好的住区空间——中国城市化语境下儿童友好社区空间设计理论解析 [J]. 城市建筑，2018(34)：40-43.

[30] Wang X, Woolley H E, Tang Y, et al. Young children's and. adults' perceptions of natural play spaces: a case study of Chengdu, southwestern China [J]. Cities, 2018, 72: 173-180.

[31] 张谊，戴慎志 . 国内城市儿童户外活动空间需求研究评析 [J]. 中国园林，2011,27(2)：82-85.

[32] 王霞，刘孝仪 . 自然式儿童游戏场设计——以英国小学为例 [J]. 中国园

林，2015，31(1)：46-50.

[33] Fjørtoft I, Kristoffersen B, Sageie J. Children in schoolyards: tracking movement patterns and physical activity in schoolyards using global positioning system and heart rate monitoring [J]. Landscape and Urban Planning, 2009, 93(3-4): 210-217.

[34] Agha S S, Thambiah S, Chakraborty K. Children's agency in accessing for spaces of play in an urban high-rise community in Malaysia [J]. Children's Geographies, 2019, 17(6): 691-704.

[35] Jansson M. Attractive playgrounds: some factors affecting user interest and visiting patterns [J]. Landscape Research, 2010, 35(1): 63-81.

[36] Chen S L, Christensen K M, Li S J. A comparison of park access with park need for children: a case study in Cache County, Utah [J]. Landscape and Urban Planning, 2019, 187: 119-128.

[37] Norwood M F, Lakhani A, Fullagar S, et al.A narrative and systematic review of the behavioural, cognitive and emotional effects of passive nature exposure on young people: evidence for prescribing change [J]. Landscape and Urban Planning, 2019, 189: 71-79.

[38] Woolley H, Lowe A. Exploring the relationship between design approach and play value of outdoor play spaces [J].Landscape Research, 2013, 38(1): 53-74.

附　录

附录A　与儿童游乐相关的作品列表

		游玩意象	游玩方式								游玩场所					
			独立性				培育性				专用性			场地特点		
			[illegible]	[illegible]	教育场地	地域活动	身体性	创造性	感受性	开放性	空间共享	据点性	分区性	[illegible]	[illegible]	自然地
1		道央自動車道・砂川サービスエリア	1	0	0	0	1	0	0	0	1	0	0	1	0	0
2		千葉ガーデンタウン・外構	1	0	0	0	0	1	0	0	0	0	1	1	0	0
3		幕張海浜公園・中央地区	1	0	0	0	1	0	0	0	0	0	1	1	0	0
4		船橋ワンパク王国	0	1	0	0	0	0	1	0	0	0	1	1	0	0
5		都県千草園	1	0	0	0	1	0	0	0	0	0	1	1	0	0
6		荒川遊園・A地区（改修）	0	1	0	0	0	0	1	0	0	0	1	1	0	0
7	1992 (13)	水草公園	0	0	1	0	0	0	1	0	0	0	1	0	1	0
8		野川公園・自然観察園	0	0	1	0	0	0	1	0	0	0	1	0	0	1
9		武蔵野中央公園	1	0	0	0	0	0	1	0	1	0	0	1	0	0
10		神奈川県立四季の森公園	1	0	0	0	1	0	0	0	1	0	0	0	0	1
11		富山空港スポーツ緑地	1	0	0	0	0	0	0	1	0	1	0	1	0	0
12		緑野公園	1	0	0	0	1	0	0	0	0	0	1	1	0	0
13		菊池川水系親水公園一鴨川	1	0	0	0	0	0	1	0	1	0	0	0	0	1
14		東京港野鳥公園	0	0	1	0	0	0	1	0	1	0	0	0	0	1
15		林試の森公園	1	0	0	0	0	1	0	0	0	0	1	1	0	0
16		府中市郷土の森"自由広場"	1	0	0	0	0	1	0	0	0	0	1	1	0	0
17		小峰公園（ふるさと自然公園小峰国民休養地）	1	0	0	0	1	0	0	0	0	0	1	0	0	1
18		グリーンピア津南　中央庭園	1	0	0	0	1	0	0	0	1	0	0	1	0	0
19	1994 (12)	修善寺「虹の郷」	0	1	0	0	1	0	0	0	1	0	0	1	0	0
20		チック・ナポリ　リゾート	0	1	0	0	1	0	0	0	1	0	0	1	0	0
21		門真市弁天池公園	1	0	0	0	1	0	0	0	0	0	1	1	0	0
22		東大阪市額田緑地公園	1	0	0	0	0	1	0	0	0	0	1	1	0	0
23		昆陽池公園	1	0	0	0	0	0	1	0	0	0	1	0	0	1
24		阪神競馬場緑地公園	1	0	0	0	1	0	0	0	0	0	1	1	0	0
25		西宮名塩ニュータウン・ナシオン広場	1	0	0	0	1	0	0	0	0	0	1	1	0	0
26		稲野沢浄滑竜神広場	1	0	0	0	0	1	0	0	0	1	0	1	0	0
27		北本自然観察公園	0	0	1	0	0	0	1	0	0	0	1	0	0	1
28		千葉市ふるさと農園	0	0	1	0	0	0	1	0	1	0	0	0	1	0
29		仙台堀川公園　尾高橋及びその周辺環境デザイン	1	0	0	0	1	0	0	0	1	0	0	1	0	0
30	1996 (10)	代々木公園水景施設	1	0	0	0	1	0	0	0	1	0	0	1	0	0
31		神奈川県　相模原公園	1	0	0	0	0	0	1	0	0	0	1	1	0	0
32		なでしこ公園	1	0	0	0	0	1	0	0	0	0	1	1	0	0
33		横浜港の公園半島部	1	0	0	0	1	0	0	0	1	0	0	1	0	0
34		松本平広域公園信州スカイパークターミナルゾーン	1	0	0	0	1	0	0	0	0	1	0	1	0	0
35		智地いきものふれあいの里	0	0	1	0	0	0	1	0	1	0	0	0	1	0
36		札幌市石山緑地「南ブロック」	1	0	0	0	0	1	0	0	0	0	1	1	0	0
37		札幌市藤野むくどり公園	0	0	0	1	0	0	0	1	0	1	0	1	0	0
38		北三番丁公園「市民参加の手づくり公園」	0	0	0	1	0	1	0	0	0	1	0	1	0	0
39		あづま総合運動公園スポーツゾーン	1	0	0	0	1	0	0	0	1	0	0	1	0	0
40		花見川トンボ池	0	0	0	1	0	0	1	0	1	0	0	1	0	0
41		八千代萩和台中央公園	1	0	0	0	0	1	0	0	0	0	1	1	0	0
42		多摩N.T.稲城/長峰地区杜の一番街～四番街	1	0	0	0	1	0	0	0	0	0	1	1	0	0
43	1998 (16)	榛名池公園「公園・プール」	1	0	0	0	1	0	0	0	0	0	1	1	0	0
44		大黒海づり公園	0	1	0	0	1	0	0	0	0	1	0	1	0	0
45		山梨県森林公園金川の森	1	0	0	0	0	0	1	0	0	0	1	0	0	1
46		浜松市フルーツパーク	1	0	0	0	0	1	0	0	0	0	1	1	0	0
47		大阪府営りんくう公園（シンボル緑地南ゾーン）	1	0	0	0	1	0	0	0	1	0	0	1	0	0
48		天王寺動物園昆虫類生態館「アイファー」	0	0	1	0	0	0	1	0	1	0	0	1	0	0
49		ウッディタウンゆりのき台公園	1	0	0	0	0	1	0	0	0	0	1	1	0	0
50		宗像市西合公園	1	0	0	0	1	0	0	0	0	0	1	1	0	0
51		高田濃南山公園	0	1	0	0	0	1	0	0	0	0	1	0	0	1
52		泉パークタウン第5住区内「紫山公園」	1	0	0	0	0	0	1	0	0	0	1	1	0	0
53		国営みちのく杜の湖畔公園「ふるさと村」	0	0	1	0	0	0	1	0	1	0	0	0	1	0
54		彩の森入間公園	1	0	0	0	0	0	0	1	1	0	0	1	0	0
55		アンデルセン公園"メルヘンの丘ゾーン"	0	0	0	1	0	0	1	0	1	0	0	0	1	0
56		中野坂上開発プロジェクト「中野の杜広場」	1	0	0	0	1	0	0	0	1	0	0	1	0	0
57		鶴川台NT真光寺公園	1	0	0	0	1	0	0	0	0	0	1	1	0	0
58		聚楽園公園	1	0	0	0	0	1	0	0	0	0	1	1	0	0
59		京都市立嵯峨小学校・桂中学校・嵯峨西小学校における「学校グリーンベルト」	0	0	1	0	1	0	0	0	1	0	0	1	0	0
60		梅小路公園「いのちの森」	0	0	1	0	0	0	1	0	1	0	0	1	0	0
61		OAP（大阪アメニティパーク）タワーズ　ランドスケープデザイン	1	0	0	0	0	1	0	0	0	1	0	1	0	0
62		兵庫県立赤穂海浜公園オートキャンプ場	0	1	0	0	1	0	0	0	1	0	0	0	0	1
63		南芦屋浜災害復興公営住宅屋外造園設計	1	0	0	0	1	0	0	0	0	0	1	1	0	0
64		HAT神戸・灘の浜	1	0	0	0	0	1	0	0	0	0	1	1	0	0
65		グリーンヒルズ津山	1	0	0	0	0	1	0	0	0	0	1	0	0	1
66		猿猴川アートプロムナード"水辺のギャラリーゾーン"	1	0	0	0	0	1	0	0	0	1	0	1	0	0
67		上江津湖の湧水と生物に配慮した水辺づくり	0	0	1	0	0	0	1	0	1	0	0	0	0	1
68		大分（長者原）地区国立公園複合施設園地及び野営場	0	1	0	0	0	0	1	0	1	0	0	0	0	1

（续表）

序号	年份	游玩意象	游玩方式								游玩场所					
			独立性				培育性				专用性			场地特点		
			单独游乐	亲子游乐	教育辅助	地域活动	身体性	创造性	感受性	开放性	空间共享	固定化	分区性	城市人工地	二次自然地	自然地
69		台湾高雄高層集合住宅「花園」中庭	1	0	0	0	1	0	0	0	0	0	1	1	0	0
70	2002 (10)	スウェーデンヒルズ・ウエスト地区（A・B工区）のランドスケープ	1	0	0	0	1	0	0	0	0	1	0	1	0	0
71		旭川空港ターミナル地区及び周辺のランドスケープ設計	1	0	0	0	0	1	0	0	0	1	0	1	0	0
72		ヴィルヌーブ・ガーデン銀座　屋外環境	1	0	0	0	0	1	0	0	0	1	0	1	0	0
73		品川区立子供の森公園	1	0	0	0	0	1	0	0	0	0	1	1	0	0
74		東京都立野山北・六道山公園「あそびの森」	0	0	0	1	0	1	0	0	0	0	1	0	0	1
75		横浜市梅田川「一本橋メダカ広場」	1	0	0	0	0	0	1	0	1	0	0	0	0	1
76		北八朔公園	1	0	0	0	0	0	1	0	1	0	0	0	0	1
77		さいたま新都心アートプロジェクト	1	0	0	0	0	1	0	0	0	1	0	1	0	0
78		新川崎「さいわい夢広場」	0	0	0	1	1	0	0	0	0	1	0	0	1	0
79		神戸市大日六丁目商店街・地域活性化プロジェクト	0	0	0	1	0	0	1	0	1	0	0	1	0	0
80	2004 (10)	とちぎわんぱく公園	1	0	0	0	0	0	1	0	0	0	1	1	0	0
81		ぐんまリハビリパーク	1	0	0	0	0	0	1	0	1	0	0	0	0	1
82		仙川水辺環境整備設計	0	0	0	1	0	0	1	0	1	0	0	0	1	0
83		みなみ野シティ：宇谷戸公園	0	0	1	0	0	0	1	0	1	0	0	1	0	0
84		グランノア港北の丘	1	0	0	0	1	0	0	0	1	0	0	1	0	0
85		国営木曽三川公園河川環境楽園木曽川水園	0	0	1	0	0	0	1	0	0	1	0	0	1	0
86		大阪市扇町公園・扇町キッズパークのランドスケープデザイン	1	0	0	0	0	1	0	0	0	0	1	1	0	0
87		花博記念公園鶴見緑地自然体験観察園	0	0	1	0	0	0	1	0	1	0	0	0	1	0
88		兵庫県立有馬富士公園出合いのゾーン設計	0	0	1	0	0	0	1	0	1	0	0	0	0	1
89		君津市立坂田小学校校庭整備計画	0	0	1	0	0	0	0	1	0	0	1	1	0	0
90	2006 (9)	ジェネシティ（志木朝霞台マンション計画）	1	0	0	0	1	0	0	0	1	0	0	1	0	0
91		河田町コンフォガーデン	1	0	0	0	1	0	0	0	0	0	1	1	0	0
92		丸池の里（新川丸池公園一期工事、見晴らし山公園）	0	0	1	0	1	0	0	0	0	0	1	0	1	0
93		道の駅「天童温泉」	0	1	0	0	0	1	0	0	0	1	0	1	0	0
94		六本木ヒルズ	1	0	0	0	1	0	0	0	0	1	0	1	0	0
95		賞亜新都心「かやの中央」	1	0	0	0	1	0	0	0	1	0	0	1	0	0
96		静岡国際園芸博覧会・ほほえみの庭	0	0	0	1	0	0	1	0	1	0	0	0	1	0
97		浜名湖花博「循環の庭」	0	0	0	1	0	0	1	0	1	0	0	0	1	0
98		ガーデンシティー・シンガポール構想の実践	1	0	0	0	0	1	0	0	0	0	1	1	0	0
99	2008 (9)	川口並木元町近隣公園	1	0	0	0	0	1	0	0	0	1	0	1	0	0
100		六甲道南公園	1	0	0	0	1	0	0	0	0	0	1	1	0	0
101		水元公園水産試験場跡地	0	0	1	0	0	0	1	0	1	0	0	0	1	0
102		リニューアルパーク都公園・ローズガーデン	0	0	1	0	0	0	1	0	1	0	0	0	1	0
103		ゆうゆうのもり幼保園	0	0	1	0	0	1	0	0	0	0	1	1	0	0
104		グランパーク広場改修計画	1	0	0	0	1	0	0	0	1	0	0	1	0	0
105		やまぐちフラワーランド	1	0	0	0	1	0	0	0	0	0	1	0	1	0
106		2005年日本国際博覧会　愛・地球博「水の広場」	0	0	0	1	0	1	0	0	0	0	1	0	1	0
107		台湾宜蘭縣通渓戸政衛生大楼中庭	1	0	0	0	1	0	0	0	0	0	1	1	0	0
108		国営木曽三川公園三派川地区センター樹林地	1	0	0	0	0	0	0	1	0	0	1	0	1	0
109		柏崎・夢の森公園	0	0	1	0	0	0	1	0	0	0	1	0	1	0
110		天草市西の久保公園「花しょうぶ園・自然生態園」	0	0	1	0	0	0	1	0	0	0	1	0	0	1
111		アイランドシティ中央公園	1	0	0	0	0	1	0	0	0	0	1	1	0	0
112		札幌市藻岩浄水場水道記念館広場	1	0	0	0	0	1	0	0	0	1	0	1	0	0
113		四街道さつき幼稚園	0	0	1	0	0	0	0	1	0	0	1	1	0	0
114		THE TOYOSU TOWERのランドスケープ	1	0	0	0	1	0	0	0	0	1	0	1	0	0
115		なんばパークル2期　ランドスケープデザイン	1	0	0	0	0	1	0	0	0	1	0	1	0	0
116		TOIGO長野市中心市街地複合再開発	1	0	0	0	0	1	0	0	0	1	0	1	0	0
117		サムソンエバーランド　ズートピア「フレンドリーモンキーバレー」	0	0	1	0	0	0	1	0	1	0	0	1	0	0
118		NIKKA YUKO CENTENNIAL JAPANESE GARDEN - Maintenance Operation Program -	0	0	0	1	1	0	0	0	1	0	0	1	0	0
119	2012 (9)	シスメックス　テクノパークの造園設計	1	0	0	0	1	0	0	0	0	0	1	1	0	0
120		清水めだか公園	0	0	0	1	0	0	1	0	0	0	1	1	0	0
121		長岡市子育ての駅「てくてく」（千秋が原南公園）	0	0	0	1	0	0	0	1	0	0	1	1	0	0
122		長岡市民防災公園	1	0	0	0	0	0	0	1	1	0	0	1	0	0
123		大久保公園シアターパーク	1	0	0	0	0	0	0	1	1	0	0	1	0	0
124		柏の葉公園「中央エントランス及び冒険のとりで」	1	0	0	0	0	1	0	0	0	0	1	1	0	0
125		宮ノ丘幼稚園	0	0	0	1	0	0	1	0	0	0	1	0	0	1
126		港区立芝浦小学校・幼稚園	1	0	0	0	0	1	0	0	0	0	1	1	0	0
127		パークシティ南千里丘のランドスケープ	1	0	0	0	0	1	0	0	0	0	1	1	0	0
128	2014 (13)	台湾宜蘭県蘇澳鎮内埤海岸風景区再整備計画、設計（1～5期工程）	0	1	0	0	0	1	0	0	0	0	1	0	0	1
129		上野恩賜公園　竹の台地区	1	0	0	0	1	0	0	0	0	0	1	1	0	0
130		下藤田東公園	1	0	0	0	1	0	0	0	0	0	1	1	0	0
131		あまが池親水緑地	0	0	1	0	0	0	1	0	1	0	0	1	0	0
132		夜宮公園巡り坂池	0	0	0	1	0	0	0	1	0	0	1	0	1	0
133		名古屋文化幼稚園・名古屋文化学園保育専門学校	0	0	1	0	1	0	0	0	0	0	1	1	0	0
134		GrowingPlace　一宮被服小学校ビオトーププロジェクト一	0	0	1	0	0	0	1	0	0	0	1	1	0	0
135		栗生小学校ビオトープ　一観察の森くりりん一	0	0	1	0	0	0	1	0	0	0	1	0	1	0

（续表）

游玩意象			游玩方式								游玩场所					
			独立性				培育性				专用性			场地特点		
			单独游玩	家庭聚会	教育场地	地域活动	身体性	沟通性	感受性	开放性	空间共享	据点性	分区性	城市人工地	二次自然地	自然地
136		ブリリアレジデンス六甲アイランド	0	0	0	1	1	0	0	0	1	0	0	1	0	0
137		MUSEたかつき	1	0	0	0	0	1	0	0	0	1	0	1	0	0
138		第２８回全国都市緑化かごしまフェアメイン・サブ会場	0	0	0	1	0	0	1	0	0	0	1	0	1	0
139		第２９回全国都市緑化フェアTOKYOメイン会場・井の頭恩賜公園会場	0	0	0	1	0	0	1	0	0	0	1	0	1	0
140		水都大阪フェス２０１２　水辺のまちあそび	0	0	0	1	1	0	0	0	1	0	0	1	0	0
141	2016 (11)	オガール広場及び公園	1	0	0	0	1	0	0	0	1	0	0	1	0	0
142		南本宿第三公園	0	0	1	0	0	0	1	0	1	0	0	0	1	0
143		東海市太田川駅前どんでん広場	1	0	0	0	1	0	0	0	1	0	0	1	0	0
144		宜蘭市鉄道高架下旧鉄道敷生活緑道整備工程	1	0	0	0	0	1	0	0	0	1	0	1	0	0
145		遠賀川魚道公園	0	0	0	1	0	0	1	0	1	0	0	0	0	1
146		飯田市立動物園カモシカの岩場・他	0	0	1	0	0	0	1	0	1	0	0	1	0	0
147		プローテ横浜　高島台ランドスケープ計画	0	0	0	1	0	0	1	0	1	0	0	1	0	0
148		諏訪２丁目住宅建替え計画/Brillia多摩ニュータウン	1	0	0	0	1	0	0	0	1	0	0	1	0	0
149		グランフロント大阪	1	0	0	0	1	0	0	0	1	0	0	1	0	0
150		としまエコミューゼタウン　ランドスケープ計画	0	0	1	0	0	0	1	0	1	0	0	1	0	0
151		道の駅「天童温泉」と天童のまちづくり	1	0	0	0	1	0	0	0	1	0	0	0	0	1
152	2015 (22)	かなたけの里公園のパークマネジメント	0	0	0	1	0	0	1	0	1	0	0	0	1	0
153		けいはんな記念公園における参加型環境整備事例	0	0	0	1	0	0	1	0	1	0	0	0	1	0
154		南池袋公園	1	0	0	0	1	0	0	0	0	0	1	1	0	0
155		天王寺公園エントランスエリア"てんしば"	1	0	0	0	1	0	0	0	0	0	1	1	0	0
156		石巻・川の上プロジェクト　百俵館１期工事	0	0	1	0	0	0	1	0	1	0	0	1	0	0
157		三星小中学校通学路整備工程	0	0	1	0	1	0	0	0	1	0	0	1	0	0
158		済衆館病院　西館ランドスケープ	0	0	1	0	1	0	0	0	1	0	0	1	0	0
159		品川シーズンテラス　ノース&サウスガーデン	0	0	0	1	1	0	0	0	1	0	0	1	0	0
160		シンボルロード「大分いこいの道」の計画・設計	0	0	0	1	0	0	1	0	1	0	0	1	0	0
161		冬山河森林公園　一生態緑舟一	0	1	0	0	1	0	0	0	0	0	1	0	0	1
162		宇部市ときわ動物園「中南米の水辺、山口・宇部の自然」	0	0	1	0	0	0	1	0	1	0	0	1	0	0
163		二子玉川ライズ二期事業　ランドスケープ計画	0	0	0	1	0	0	1	0	1	0	0	1	0	0
164		トキハわさだタウン　フェスタ広場改修	1	0	0	0	0	0	0	1	1	0	0	1	0	0
165		瀋陽万科　瀋陽柏翠園	1	0	0	0	1	0	0	0	0	0	1	1	0	0
166		国史跡田主丸大塚古墳	0	0	1	0	0	0	0	1	1	0	0	0	1	0
167		桜上水ガーデンズ　ランドスケープ計画	1	0	0	0	1	0	0	0	1	0	0	1	0	0
168		ブラウドシティ阿佐ケ谷/阿佐ケ谷住宅建替え計画	0	0	0	1	1	0	0	0	1	0	0	1	0	0
169		富久クロス	0	0	0	1	1	0	0	0	1	0	0	1	0	0
170		天津万科新梅江柏翠園１期	0	0	0	1	1	0	0	0	0	0	1	1	0	0
171		済南ザ・ヒル	0	0	0	1	1	0	0	0	0	0	1	1	0	0
172		松原団地西口公園	1	0	0	0	1	0	0	0	1	0	0	1	0	0
173		あさひかわ北彩都ガーデン	0	0	1	0	0	0	1	0	1	0	0	1	0	0

附录 B　数量化理论 III 类分析结果：交叉表

项目号	项目名	类别名	单独 / 共同游玩	家庭聚会	集体教育	区域活动	身体性	创造性	感受性	开放性	空间共享	点状分散空间	专门区域	城市人工地	二次自然地	自然地
		单独 / 共同游玩	94	0	0	0	47	31	10	6	29	17	48	82	2	10
		家庭聚会	0	11	0	0	5	3	3	0	4	2	5	6	0	5
		集体教育	0	0	37	0	5	1	28	3	24	1	12	18	13	6
		区域活动	0	0	0	31	9	3	16	3	18	3	10	17	11	3
		身体性	47	5	5	9	66	0	0	0	32	6	28	58	3	5
		创造性	31	3	1	3	0	38	0	0	0	14	24	33	1	4
		感受性	10	3	28	16	0	0	57	0	38	1	18	23	19	15
		开放性	6	0	3	3	0	0	0	12	5	2	5	9	3	0
		空间共享	29	4	24	18	32	0	38	5	75	0	0	49	14	12
		点状分散空间	17	2	1	3	6	14	1	2	0	23	0	21	2	0
		专门区域	48	5	12	10	28	24	18	5	0	0	75	53	10	12
		城市人工地	82	6	18	17	58	33	23	9	49	21	53	123	0	0
		二次自然地	2	0	13	11	3	1	19	3	14	2	10	0	26	0
		自然地	10	5	6	3	5	4	15	0	12	0	12	0	0	24

附录 C　数量化理论 III 类分析结果：重回归分析的偏回归系数表

项目号	项目名	类别名	第一轴	第二轴	第三轴
		单独 / 共同游玩	-0.913674	-0.064842	-0.300275
		家庭聚会	-0.252772	4.078318	0.609530
		集体教育	1.592484	-0.021575	0.485305
		区域活动	0.959481	-1.224779	0.114991
		身体性	-0.524196	0.101950	-1.800892
		创造性	-1.443146	0.126091	2.184787
		感受性	1.536565	0.392649	0.546422
		开放性	0.154354	-2.825095	0.390904
		空间共享	0.853420	-0.063339	-1.045178
		点状分散空间	-1.433350	-1.117553	1.995807
		专门区域	-0.413860	0.406055	0.433130
		城市人工地	-0.545929	-0.311103	-0.383917
		二次自然地	1.899077	-1.482523	1.268321
		自然地	0.740552	3.200469	0.593560

附录 D 数量化理论Ⅲ类分析结果：重回归分析的偏回归系数图

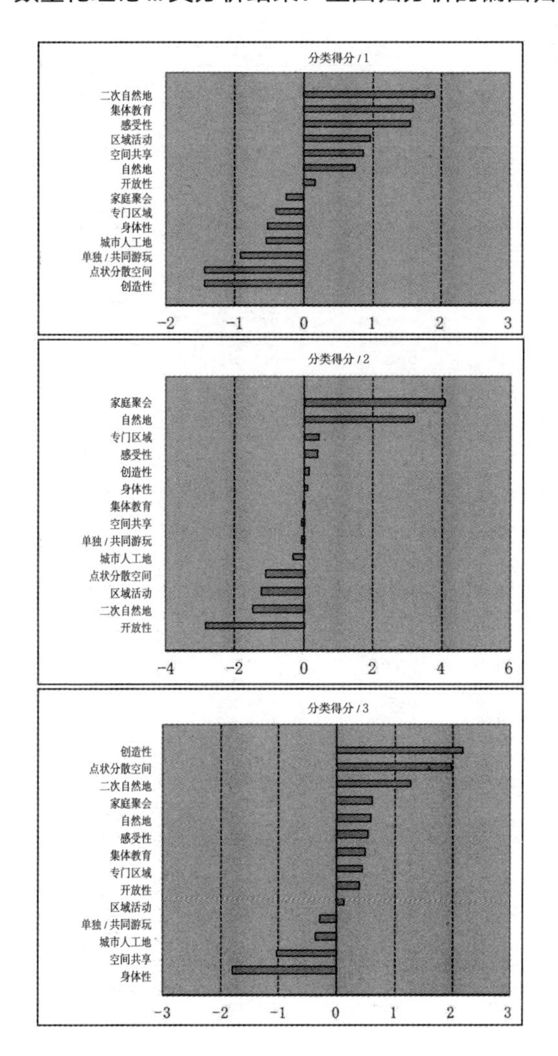

附录 E 数量化Ⅲ轴分析结果：样本得分表

ID	第一轴	第二轴	第三轴
1(1992)	-0.282595	-0.084333	-0.882565
2(1992)	-0.829152	0.039050	0.483431
3(1992)	-0.599414	0.033015	-0.512988
4 (1992	0.081001	1.141480	0.301291
5 (1992	-0.599414	0.033015	-0.512988
6 (1992	0.081001	1.141480	0.301291
7 (1992	1.153567	-0.176348	0.683294
8 (1992	0.863935	0.994400	0.514604
9 (1992	0.232596	-0.011659	-0.295737
10(1992)	0.039026	0.793560	-0.638196
11(1992)	-0.684650	-1.079648	0.425630
12(1992)	-0.599414	0.033015	-0.512988
13(1992)	0.554216	0.866234	-0.051368
1(1994)	1.180755	0.877051	0.145027
2(1994)	-0.829152	0.039050	0.483431
3(1994)	-0.829152	0.039050	0.483431
4(1994)	-0.277794	0.910908	-0.268619
5(1994)	-0.282595	-0.084333	-0.882565
6(1994)	-0.117369	0.951457	-0.655114
7(1994)	-0.117369	0.951457	-0.655114
8(1994)	-0.599414	0.033015	-0.512988
9(1994)	-0.829152	0.039050	0.483431
10(1994)	0.237396	0.983583	0.318209
11(1994)	-0.599414	0.033015	-0.512988
12(1994)	-0.599414	0.033015	-0.512988
1(1996)	-1.084025	-0.341852	0.874101
2(1996)	0.863935	0.994400	0.514604
3(1996)	1.470387	-0.293697	0.313718
4(1996)	-0.282595	-0.084333	-0.882565
5(1996)	-0.282595	-0.084333	-0.882565
6(1996)	-0.084224	0.105690	0.073840
7(1996)	-0.829152	0.039050	0.483431
8(1996)	-0.282595	-0.084333	-0.882565
9(1996)	-0.854287	-0.347887	-0.122319
10(1996)	1.470387	-0.293697	0.313718
1(1998)	-0.829152	0.039050	0.483431
2(1998)	-0.216361	-1.369632	0.529446
3(1998)	-0.615736	-0.631836	0.977917
4(1998)	-0.282595	-0.084333	-0.882565
5(1998)	0.700884	-0.301643	-0.191920
6(1998)	-0.829152	0.039050	0.483431
7(1998)	-0.599414	0.033015	-0.512988
8(1998)	-0.599414	0.033015	-0.512988
9(1998)	-0.689062	0.687903	0.105132
10(1998)	0.237396	0.983583	0.318209
11(1998)	-0.829152	0.039050	0.483431
12(1998)	-0.282595	-0.084333	-0.882565
13(1998)	0.859135	-0.000842	-0.099342
14(1998)	-0.829152	0.039050	0.483431
15(1998)	-0.599414	0.033015	-0.512988

（续表）

ID	第一轴	第二轴	第三轴
16(1998)	-0.342306	1.952733	0.955252
1(2000)	-0.084224	0.105690	0.073840
2(2000)	1.470387	-0.293697	0.313718
3(2000)	-0.112957	-0.816095	-0.334616
4(2000)	1.312136	-0.594498	0.221139
5(2000)	-0.282595	-0.084333	-0.882565
6(2000)	-0.599414	0.033015	-0.512988
7(2000)	-0.829152	0.039050	0.483431
8(2000)	0.343945	-0.073517	-0.686170
9(2000)	0.859135	-0.000842	-0.099342
10(2000)	-1.084025	-0.341852	0.874101
11(2000)	0.204251	1.829350	-0.410745
12(2000)	-0.599414	0.033015	-0.512988
13(2000)	-0.829152	0.039050	0.483431
14(2000)	-0.507532	0.916943	0.727801
15(2000)	-1.084025	-0.341852	0.874101
16(2000)	1.180755	0.877051	0.145027
17(2000)	0.719441	1.902024	0.176084
18(2000)	-0.599414	0.033015	-0.512988
1(2002)	-0.854287	-0.347887	-0.122319
2(2002)	-1.084025	-0.341852	0.874101
3(2002)	-1.084025	-0.341852	0.874101
4(2002)	-0.829152	0.039050	0.483431
5(2002)	-0.039243	0.626959	0.831617
6(2002)	0.554216	0.866234	-0.051368
7(2002)	0.554216	0.866234	-0.051368
8(2002)	-1.084025	-0.341852	0.874101
9(2002)	0.225253	-0.930726	0.394557
10(2002)	0.700884	-0.301643	-0.191920
1(2004)	-0.084224	0.105690	0.073840
2(2004)	0.554216	0.866234	-0.051368
3(2004)	1.312136	-0.594498	0.221139
4(2004)	0.859135	-0.000842	-0.099342
5(2004)	-0.282595	-0.084333	-0.882565
6(2004)	0.898694	-0.557250	1.073964
7(2004)	-0.829152	0.039050	0.483431
8(2004)	1.470387	-0.293697	0.313718
9(2004)	1.180755	0.877051	0.145027
10(2004)	0.196763	-0.687929	0.231356
1(2006)	-0.282595	-0.084333	-0.882565
2(2006)	-0.599414	0.033015	-0.512988
3(2006)	0.638376	-0.249023	0.096466
4(2006)	-0.918799	0.693938	1.101552
5(2006)	-0.854287	-0.347887	-0.122319
6(2006)	-0.282595	-0.084333	-0.882565
7(2006)	1.312136	-0.594498	0.221139
8(2006)	1.312136	-0.594498	0.221139
9(2006)	-0.829152	0.039050	0.483431
1(2008)	-1.084025	-0.341852	0.874101
2(2008)	-0.599414	0.033015	-0.512988
3(2008)	1.470387	-0.293697	0.313718

（续表）

ID	第一轴	第二轴	第三轴
4(2008)	1.470387	-0.293697	0.313718
5(2008)	-0.202612	0.049867	0.679826
6(2008)	-0.282595	-0.084333	-0.882565
7(2008)	0.011837	-0.259840	-0.099929
8(2008)	0.250388	-0.543789	1.000307
9(2008)	-0.599414	0.033015	-0.512988
1(2010)	0.181474	-0.991601	0.448020
2(2010)	1.153567	-0.176348	0.683294
3(2010)	0.863935	0.994400	0.514604
4(2010)	-0.829152	0.039050	0.483431
5(2010)	-1.084025	-0.341852	0.874101
6(2010)	0.196763	-0.687929	0.231356
7(2010)	-0.854287	-0.347887	-0.122319
8(2010)	-1.084025	-0.341852	0.874101
9(2010)	-1.084025	-0.341852	0.874101
10(2010)	0.859135	-0.000842	-0.099342
11(2010)	0.185694	-0.374318	-0.778749
1(2012)	-0.599414	0.033015	-0.512988
2(2012)	0.384064	-0.184294	0.177657
3(2012)	0.038512	-0.988730	0.138777
4(2012)	-0.112957	-0.816095	-0.334616
5(2012)	-0.112957	-0.816095	-0.334616
6(2012)	-0.829152	0.039050	0.483431
7(2012)	0.705685	0.693599	0.422026
8(2012)	-0.829152	0.039050	0.483431
9(2012)	-0.829152	0.039050	0.483431
1(2014)	-0.342306	1.952733	0.955252
2(2014)	-0.599414	0.033015	-0.512988
3(2014)	-0.599414	0.033015	-0.512988
4(2014)	0.859135	-0.000842	-0.099342
5(2014)	0.649763	-1.281585	0.551837
6(2014)	0.027125	0.043832	-0.316593
7(2014)	0.542315	0.116507	0.270235
8(2014)	1.153567	-0.176348	0.683294
9(2014)	0.185694	-0.374318	-0.778749
10(2014)	-1.084025	-0.341852	0.874101
11(2014)	0.995316	-0.477149	0.590716
12(2014)	0.995316	-0.477149	0.590716
13(2014)	0.185694	-0.374318	-0.778749
1(2016)	-0.282595	-0.084333	-0.882565
2(2016)	1.470387	-0.293697	0.313718
3(2016)	-0.282595	-0.084333	-0.882565
4(2016)	-1.084025	-0.341852	0.874101
5(2016)	1.022505	0.576250	0.052449
6(2016)	0.859135	-0.000842	-0.099342
7(2016)	0.700884	-0.301643	-0.191920
8(2016)	-0.282595	-0.084333	-0.882565
9(2016)	-0.282595	-0.084333	-0.882565
10(2016)	0.859135	-0.000842	-0.099342
11(2016)	0.039026	0.793560	-0.638196
1(2018)	1.312136	-0.594498	0.221139

（续表）

ID	第一轴	第二轴	第三轴
2(2018)	1.312136	-0.594498	0.221139
3(2018)	-0.599414	0.033015	-0.512988
4(2018)	-0.599414	0.033015	-0.512988
5(2018)	0.859135	-0.000842	-0.099342
6(2018)	0.343945	-0.073517	-0.686170
7(2018)	0.343945	-0.073517	-0.686170
8(2018)	0.185694	-0.374318	-0.778749
9(2018)	0.700884	-0.301643	-0.191920
10(2018)	-0.112569	1.946698	-0.041168
11(2018)	0.859135	-0.000842	-0.099342
12(2018)	0.700884	-0.301643	-0.191920
13(2018)	-0.112957	-0.816095	-0.334616
14(2018)	-0.599414	0.033015	-0.512988
15(2018)	1.124834	-1.098133	0.274838
16(2018)	-0.282595	-0.084333	-0.882565
17(2018)	0.185694	-0.374318	-0.778749
18(2018)	0.185694	-0.374318	-0.778749
19(2018)	-0.131126	-0.256969	-0.409172
20(2018)	-0.131126	-0.256969	-0.409172
21(2018)	-0.282595	-0.084333	-0.882565
22(2018)	0.859135	-0.000842	-0.099342

附录 F　量化后 G1 ~ G5 的历时性演变图

年度	1992	1994	1996	1998	2000	2002	2004	2006	2008	2010	2012	2014	2016	2018	总计
G1	1(1992) 3(1992) 5(1992) 9(1992) 10(1992) 12(1992)	4(1994) 5(1994) 6(1994) 7(1994) 8(1994) 11(1994) 12(1994)	4(1996) 5(1996) 6(1996) 8(1996) 9(1996)	4(1998) 7(1998) 8(1998) 12(1998) 15(1998)	1(2000) 5(2000) 6(2000) 8(2000) 12(2000) 18(2000)	1(2002)	1(2004) 5(2004)	1(2006) 2(2006) 5(2006) 6(2006)	2(2008) 5(2008) 6(2008) 7(2008) 9(2008)	7(2010) 11(2010)	1(2012)	2(2014) 3(2014) 6(2014) 9(2014) 13(2014)	1(2016) 3(2016) 8(2016) 9(2016) 11(2016)	3(2018) 4(2018) 6(2018) 7(2018) 8(2018) 14(2018) 16(2018) 17(2018) 18(2018) 19(2018) 20(2018) 21(2018)	66
G2	2(1992)	2(1994) 3(1994) 9(1994)	1(1996) 7(1996)	1(1998) 3(1998) 6(1998) 9(1998) 11(1998) 14(1998)	7(2000) 10(2000) 13(2000) 14(2000) 15(2000)	2(2002) 3(2002) 4(2002) 5(2002) 8(2002)	7(2004)	4(2006) 9(2006)	1(2008)	4(2010) 5(2010) 8(2010) 9(2010)	6(2012) 8(2012) 9(2012)	10(2014)	4(2016)		35
G3	4(1992 6(1992 8(1992 13(1992)	1(1994) 10(1994)	2(1996)	10(1998) 16(1998)	11(2000) 16(2000) 17(2000)	6(2002) 7(2002)	2(2004) 9(2004)			3(2010)	7(2012)	1(2014)	5(2016)	10(2018)	21
G4	7(1992		3(1996) 10(1996)	5(1998) 13(1998)	2(2000) 4(2000) 9(2000)	10(2002)	3(2004) 4(2004) 6(2004) 8(2004)	3(2006) 7(2006) 8(2006)	3(2008) 4(2008) 8(2008)	2(2010) 10(2010)	2(2012)	4(2014) 5(2014) 7(2014) 8(2014) 11(2014) 12(2014)	2(2016) 6(2016) 7(2016) 10(2016)	1(2018) 2(2018) 5(2018) 9(2018) 11(2018) 12(2018) 15(2018) 22(2018)	40
G5	11(1992)			2(1998)	3(2000)	9(2002)	10(2004)			1(2010) 6(2010)	3(2012) 4(2012) 5(2012)			13(2018)	11
	13	12	10	16	18	10	10	9	9	11	9	13	11	22	173

附录 G　类别百分比统计表

	单独/共同游玩	家庭聚会	集体教育	区域活动	身体性	创造性	感受性	开放性	空间共享	点状分散空间	专门区域	城市人工地	二次自然地	自然地
G1	51	2	5	8	61	1	4	0	32	4	30	62	1	3
G1%	54.3	18.2	13.5	25.8	92.4	2.6	7.0	0.0	42.7	17.4	40.0	50.4	3.8	12.5
G2	31	2	0	2	1	34	0	0	0	15	20	33	0	2
G2%	33.0	18.2	0.0	6.5	1.5	89.5	0.0	0.0	0.0	65.2	26.7	26.8	0.0	8.3
G3	6	7	6	2	2	2	17	0	10	0	11	2	0	19
G3%	6.4	63.6	16.2	6.5	3.0	5.3	29.8	0.0	13.3	0.0	14.7	1.6	0.0	79.2
G4	0	0	24	16	1	1	36	2	29	1	10	17	23	0
G4%	0.0	0.0	64.9	51.6	1.5	2.6	63.2	16.7	38.7	4.3	13.3	13.8	88.5	0.0
G5	6	0	2	3	1	0	0	10	4	3	4	9	2	0
G5%	6.4	0.0	5.4	9.7	1.5	0.0	0.0	83.3	5.3	13.0	5.3	7.3	7.7	0.0
总计	94	11	37	31	66	38	57	12	75	23	75	123	26	24

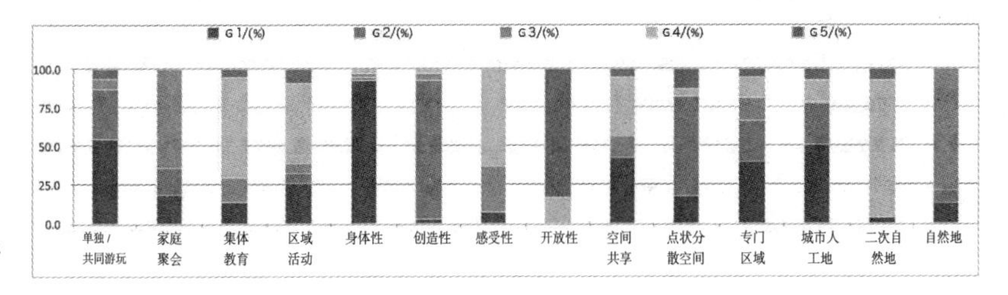

附录H　5个组的百分比统计表

	单独/共同游玩	家庭聚会	集体教育	区域活动	身体性	创造性	感受性	开放性	空间共享	点状分散空间	专门区域	城市人工地	二次自然地	自然地
G1	51	2	5	8	61	1	4	0	32	4	30	62	1	3
G1	77.3	3.0	7.6	12.1	92.4	1.5	6.1	0.0	48.5	6.1	45.5	93.9	1.5	4.5
G2	31	2	0	2	1	34	0	0	0	15	20	33	0	2
G2	88.6	5.7	0.0	5.7	2.9	97.1	0.0	0.0	0.0	42.9	57.1	94.3	0.0	5.7
G3	6	7	6	2	2	2	17	0	10	0	11	2	0	19
G3	28.6	33.3	28.6	9.5	9.5	9.5	81.0	0.0	47.6	0.0	52.4	9.5	0.0	90.5
G4	0	0	24	16	1	1	36	2	29	1	10	17	23	0
G4	0.0	0.0	60.0	40.0	2.5	2.5	90.0	5.0	72.5	2.5	25.0	42.5	57.5	0.0
G5	6	0	2	3	1	0	0	10	4	3	4	9	2	0
G5	54.5	0.0	18.2	27.3	9.1	0.0	0.0	90.9	36.4	27.3	36.4	81.8	18.2	0.0

注：各项数据为独立性、培育性等四个分类中的各项总数或该分类中的样本数。

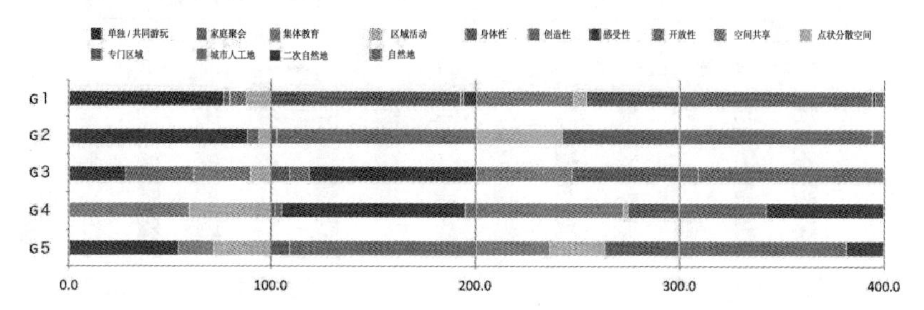

附录Ⅰ 年度变化的共现关系图

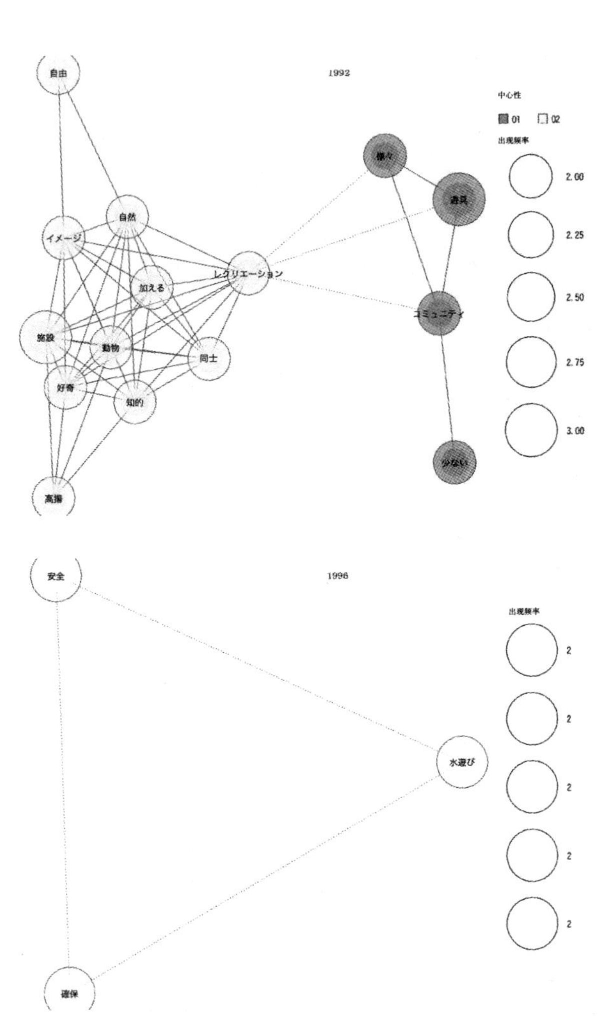

（续图）

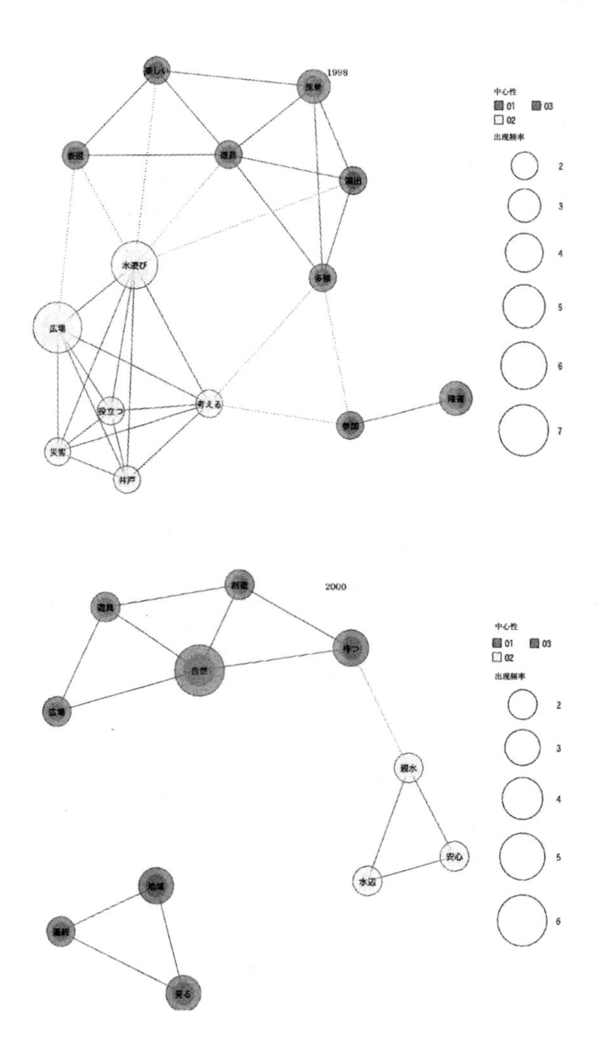
1998
中心性
01
03
02
出现频率
2
3
4
5
6
7
水遊び
多様
広場
役立つ
考える
災害
井戸
2000
中心性
01
03
02
出现频率
2
3
4
5
6
親水
安心
水辺
見る

（续图）

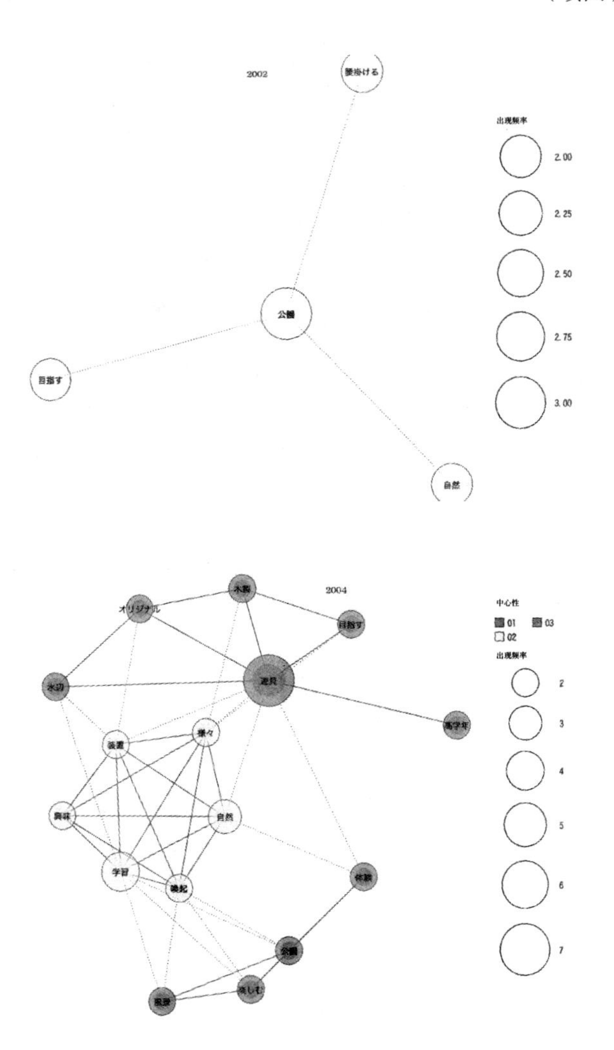
2002
腰掛ける
公園
目指す
自然
出現頻率
2.00
2.25
2.50
2.75
3.00
2004
オリジナル
目指す
水辺
高学年
設置
様々
興味
自然
学習
喚起
体験
中心性
01
02
03
出現頻率
2
3
4
5
6
7

（续图）

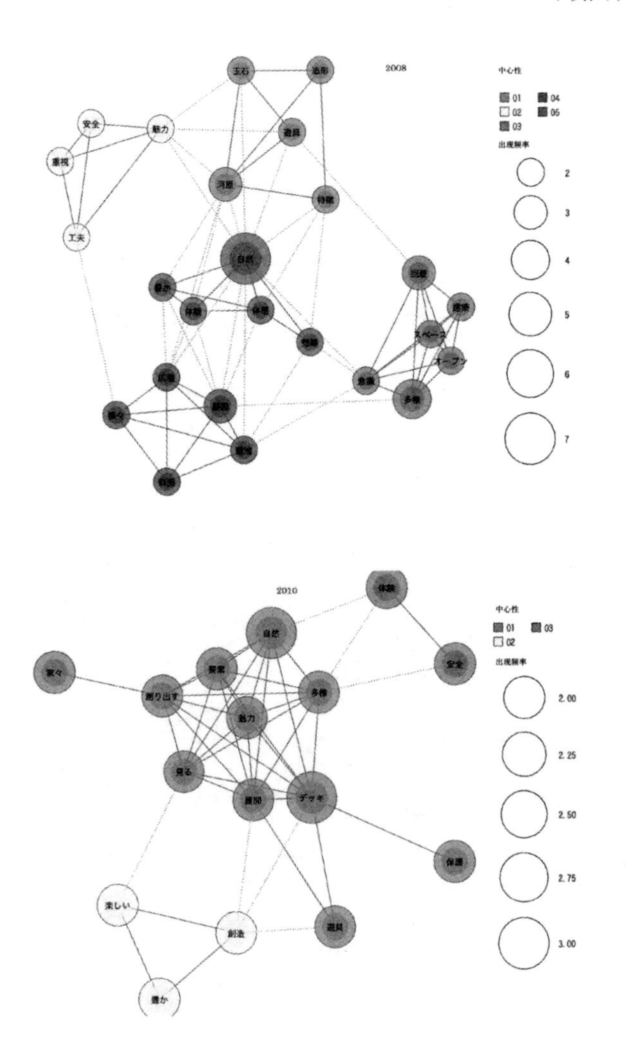
2008
中心性
01
02
03
04
05
出现频率
2
3
4
5
6
7
玉石
安全
魅力
重视
工夫
自然
スペース
オープン
多様
2010
中心性
01
02
03
出现频率
2.00
2.25
2.50
2.75
3.00
自然
体験
安全
家々
創り出す
探索
多様
魅力
見る
デッキ
保護
楽しい
創造
遊具
豊か

（续图）

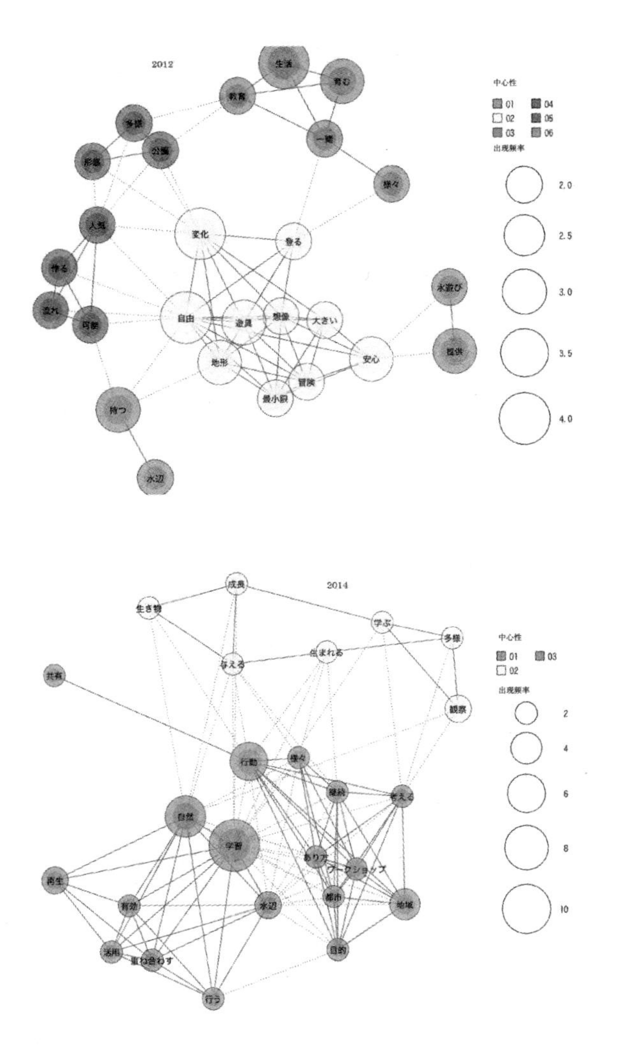
2012
生活
育む
教育
公園
一緒
様々
人気
変化
登る
作る
流れ
可能
自由
遊具
想像
大きい
水遊び
地形
安心
提供
冒険
最小限
持つ
水辺
中心性
01
02
03
04
05
06
出现频率
2.0
2.5
3.0
3.5
4.0
2014
成長
生き物
学ぶ
多様
生まれる
与える
共有
観察
行動
様々
継続
考える
自然
学習
あり方
ワークショップ
再生
有効
水辺
都市
地域
活用
重ね合わす
目的
行う
中心性
01
03
02
出现频率
2
4
6
8
10

（续图）

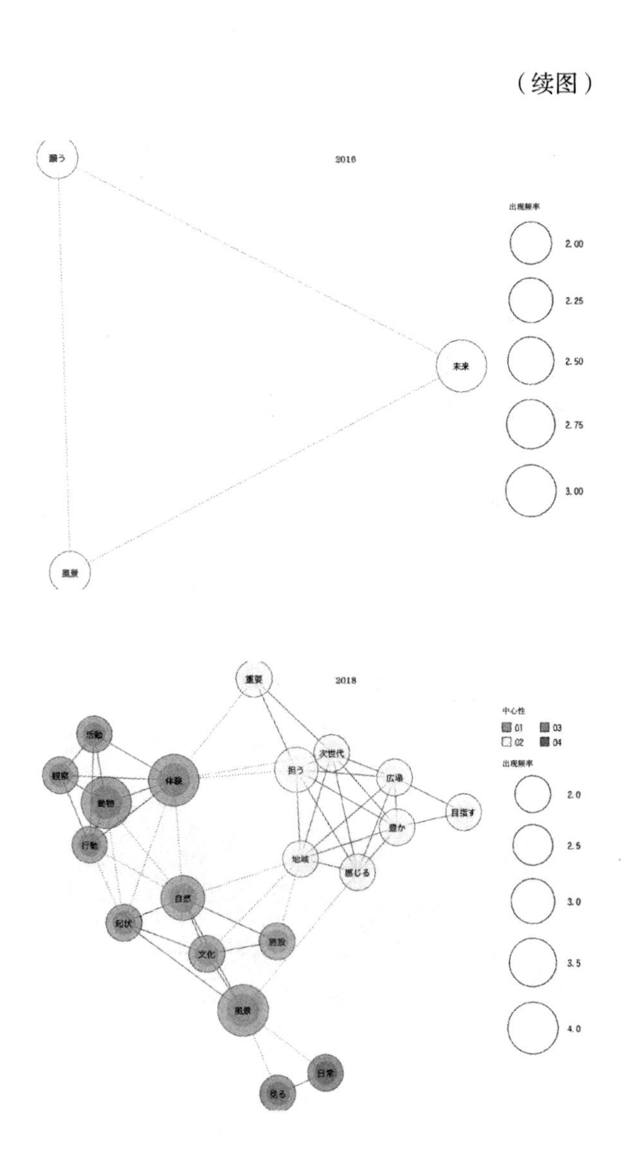
2016
願う
未来
風景
出現頻率
2.00
2.25
2.50
2.75
3.00
2018
重要
次世代
担う
広場
目指す
豊か
地域
感じる
観察
体験
行動
自然
文化
風景
日常
中心性
01
02
03
04
出現頻率
2.0
2.5
3.0
3.5
4.0

附录Ⅰ

图中日文所对应的中文释义如下。

自由：自由。

自然：自然。

イメージ：意象，印象。

加える：加，加上，包含，给予

レクリエーション：消遣，娱乐（活动）。

施設：设施，设备。

動物：动物。

同士：同伴，伙伴，同好，志趣相同者。

好奇：好奇。

知的：有知识的，智慧的，智力的；聪明的，理智的，理性的。

高揚：发扬；提高；高涨。

様々：形形色色。

遊具：游乐设施。

コミュニティ：地方自治团体，地区社会，共同体，公社。

少ない：少，不多。

安全：安全。

水遊び：玩水。

確保：确保。

楽しい：开心。

表現：表现，表达。

風景：景观。

演出：演出，导演。

多様：多样。

広場：广场。

役立つ：有用，有益，有帮助。

考える：考虑，思考。

災害：灾害。

井戸：井。

参加：参与，参加。

障害：障碍，妨碍；毛病，故障；医学上指日常生活中存在某些限制和困难。

創造：创造。

持つ：具备。

親水：亲水。

水辺：水边。

安心：安心，放心。

地域：地域。

連続：接连，连续。

見る：看，看到。

公園：公园。

腰掛ける：坐下。

目指す：目标。

オリジナル：原型，原作，原图，创作，新写的作品；独创的，新奇的。

木制：木制，木头做的。

高学年：高年级。

装置：装置，设备；装备；配备；安装；舞台装置。

興味：兴趣。

学習：学习。

喚起：唤起，引起，提醒。

体験：体验。

楽しむ：享受，欣赏。

玉石：圆石子，卵石。

造形：造型。

河原：河滩。

特徴：特征。

重視：重视。

工夫：开动脑筋。想办法。想方设法。找窍门。

魅力：魅力。

豊か：丰富。

体感：身体所受的感觉。
効果：效果。
回遊：环游，回游。
建築：建筑，建筑物。
スペース：空间，空地。
オープン：开，开放，敞开，公开；开业，开张，开场，开馆，开放，公开；无盖，敞篷；户外，露天，野外；公开比赛，自由赛，表演赛。
意識：意识；认识，觉悟。
展開：开展，展开，逐渐发展。
敷地：地基；用地，地皮。
斜面：斜面，倾斜面，斜坡。
家々：家家，户户，各家，每家。
要素：要素。
創り出す：创造，创作。
デッキ：连廊。
保護：保护。
創造：创造。
教育：教育。
育む：培育，培养。
一緒：一起，同行。
形態：形态；样子；形状。
人気：人望，人缘，声望，受欢迎，博得好评。
作る：做。
流れ：水流。
可能：可能。
変化：变化。
登る：上，登，攀登。
想像：想象。
大きい：大，多。
地形：地形，地势。
冒険：冒险。
最小限：最小限度，最低限度。
提供：提供，供给。
成長：成长，发育，生长。
生き物：生物，动物；有生命力的东西，活的东西，活物。
与える：给与，给予，供给。
生まれる：生，分娩，诞生，产生。
学ぶ：学习；模仿。
観察：观察。
共有：共同所有，共有，公有，共享。
行動：行动。
継続：继续，接续。
あり方：应有的状态，理想的状态。
ワークショップ：车间，作业场，工场；研讨会，讲习会。
都市：城市。
目的：目的。
再生：再生，重生。
有効：有效，有效能。
活用：有效地利用，正确地使用；实际应用。
重ね合わす：重叠，分层。
行う：做，实行，进行。
願う：希望，期望；祈祷，祈愿；要求；恳求。
未来：未来，将来。
重要：重要，要紧。
次世代：下一代。
担う：肩负，担负，承担
感じる：（感官上）觉得；（思想上）感到；感佩，有所感。
活動：活动。
起伏：起伏，凸凹，高低。
文化：文化。
日常：日常。

附录 J 日本游乐场掠影

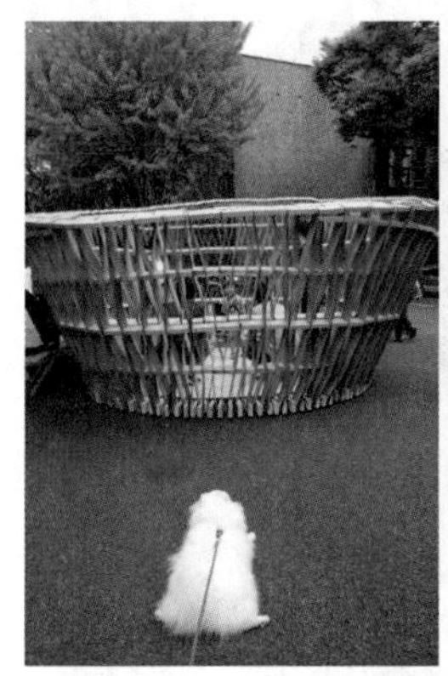

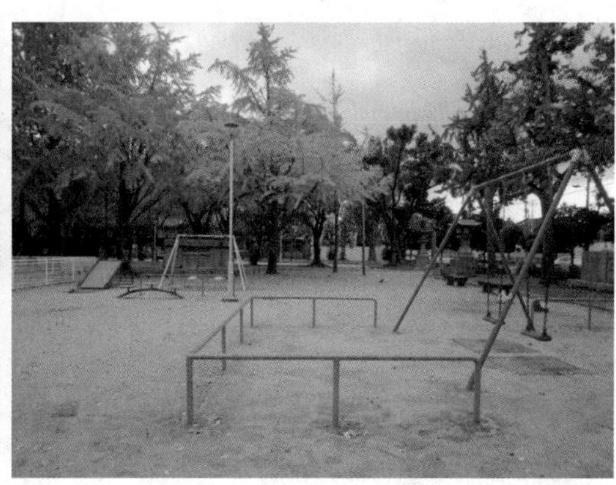

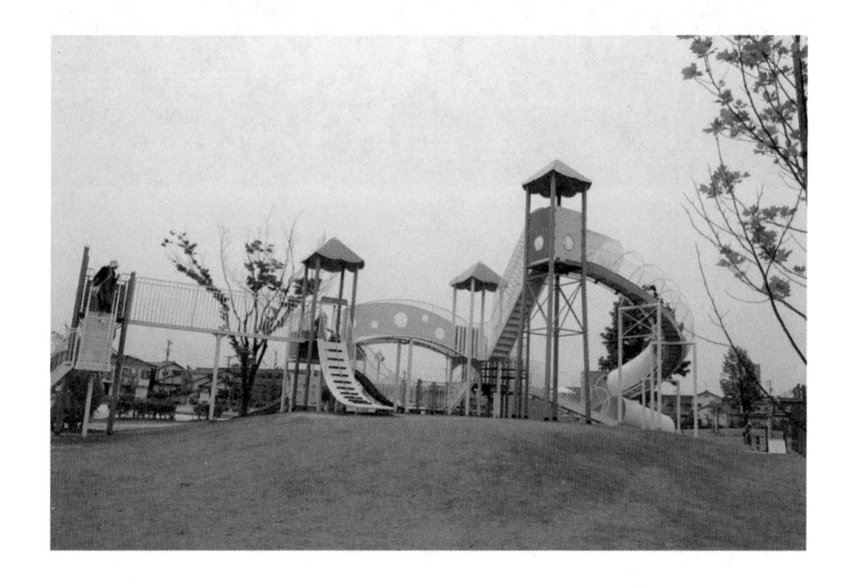

こぶたレース
GOAL

asobiba
mimamoriba

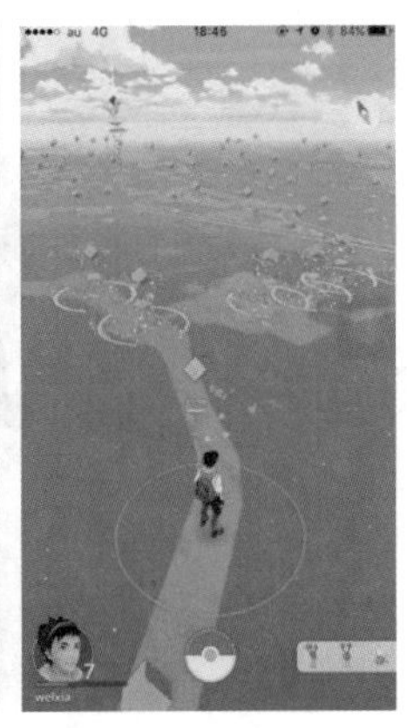

内文彩图

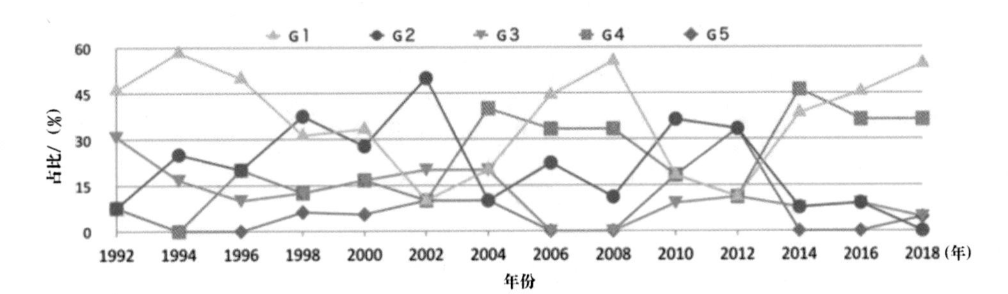

图 3.3　5 个组年度百分比变化趋势图

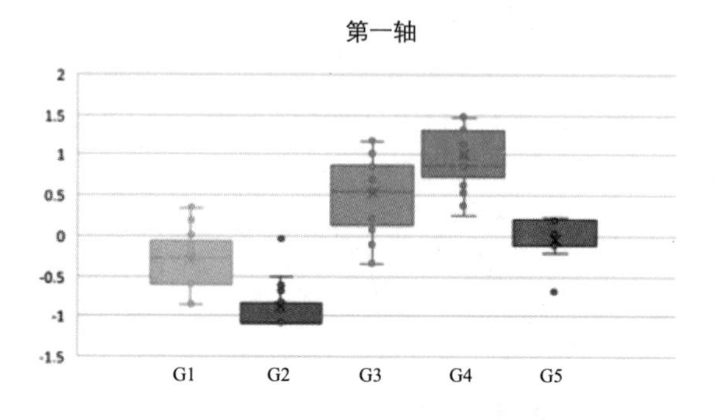

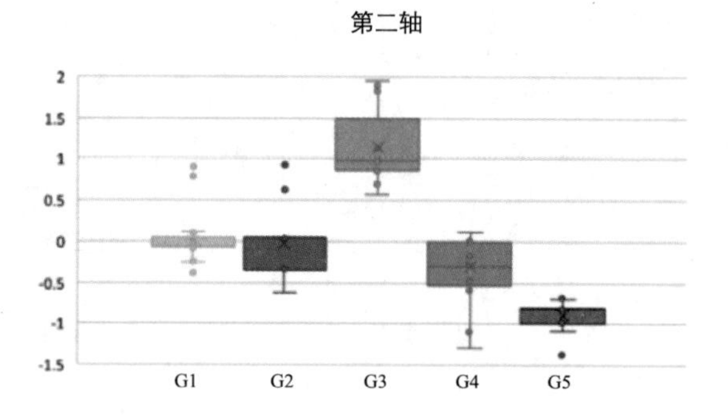

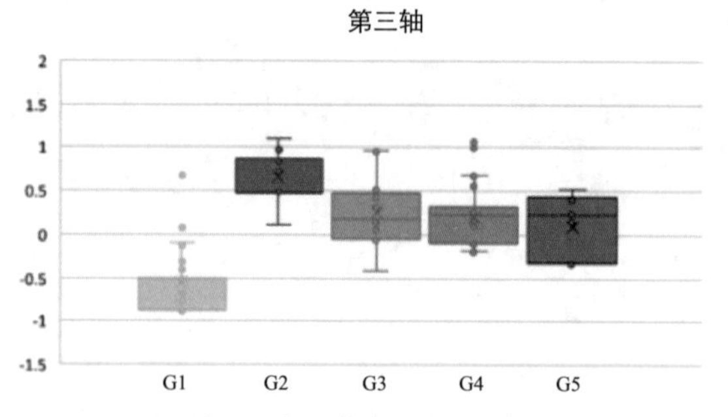

图 3.4　新三轴中 5 个组的定性特征

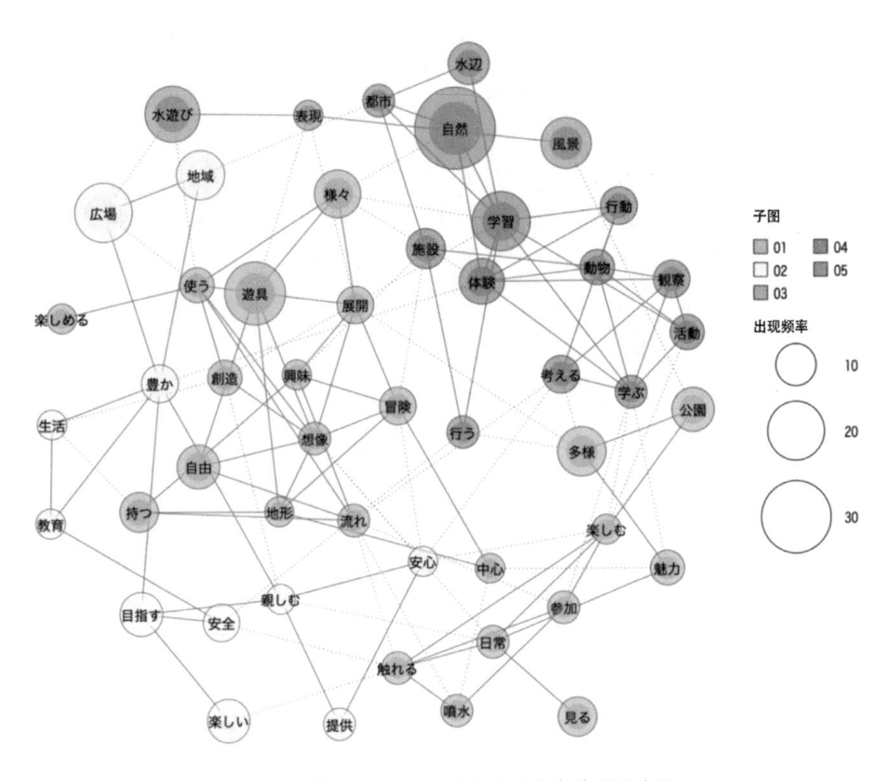

图 4.4　全年代 KH Coder 分析后的文本共现网络图

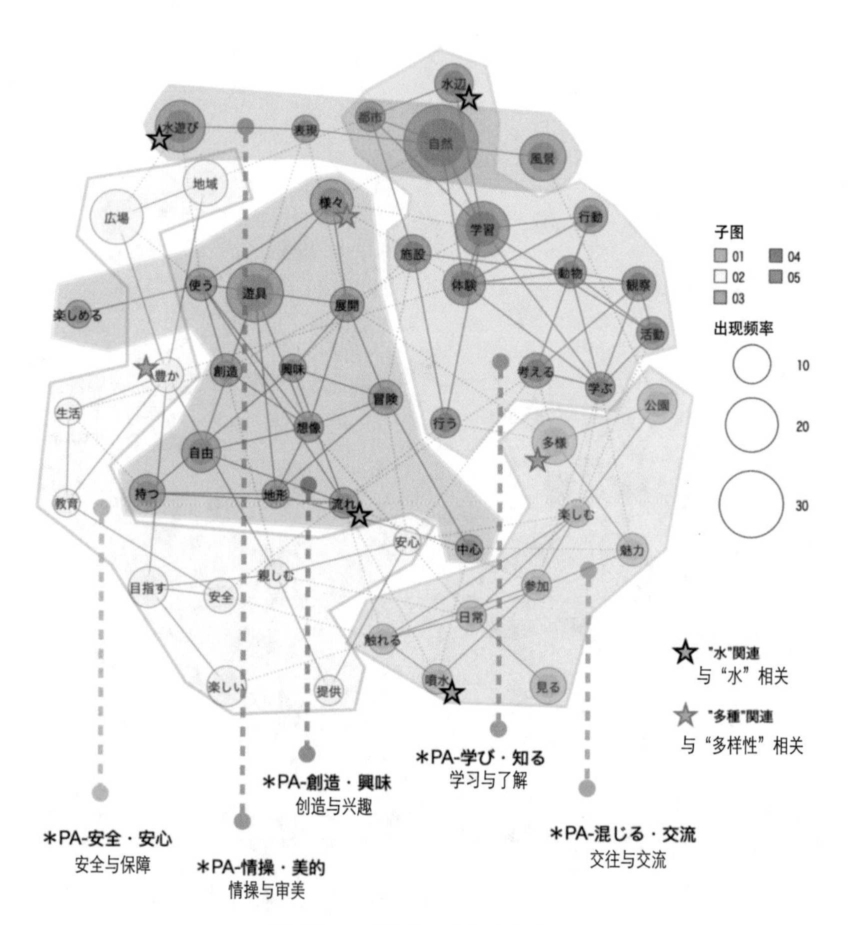

图 4.5　可玩性的 5 个概念分类

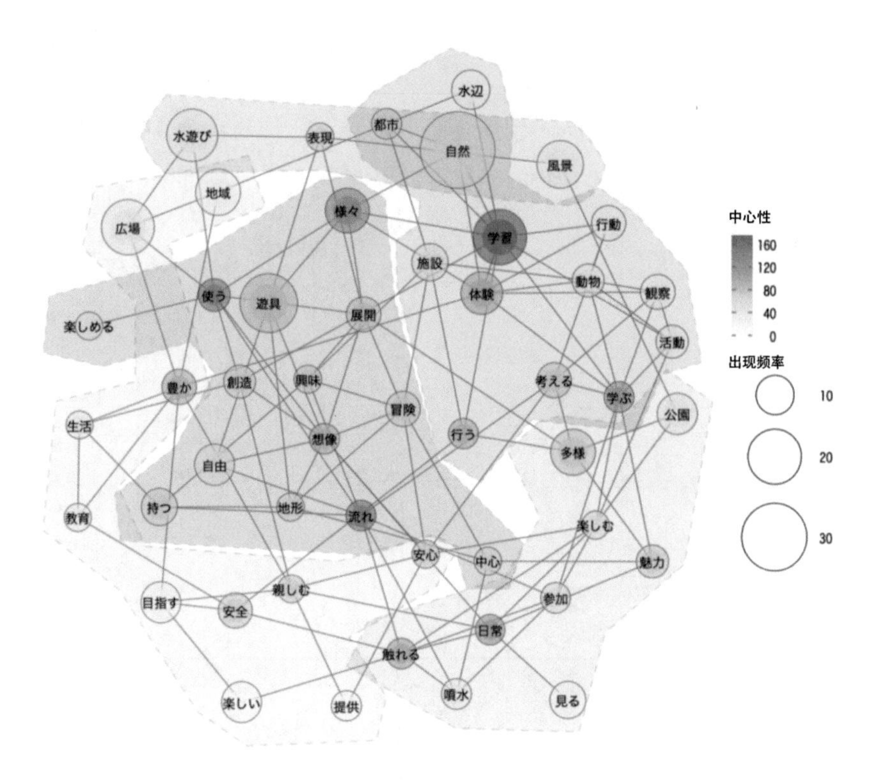

图 4.6 可玩性的中心性（媒介）

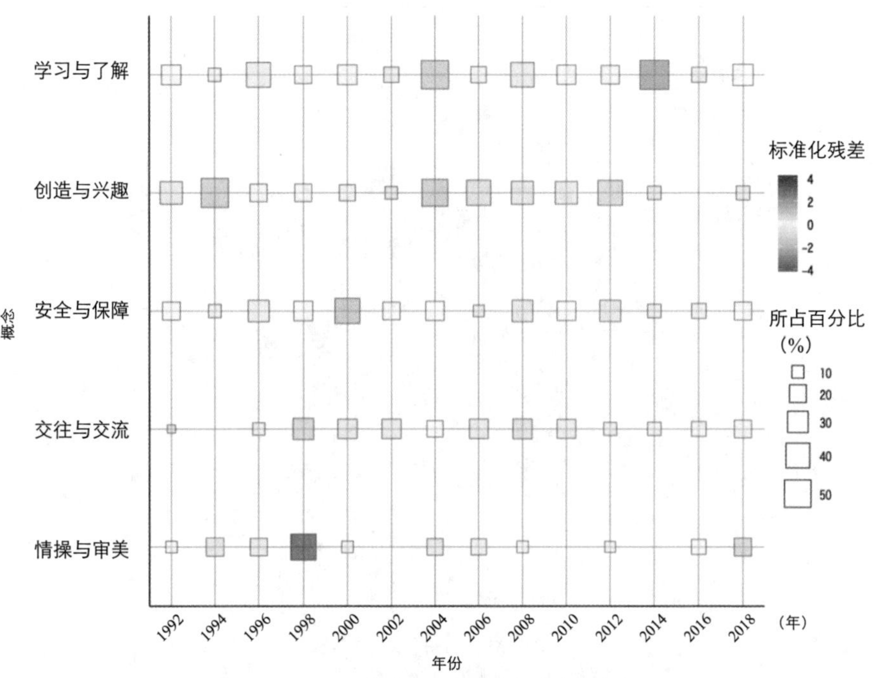

图 4.7　可玩性的 5 个概念的年代分布变化

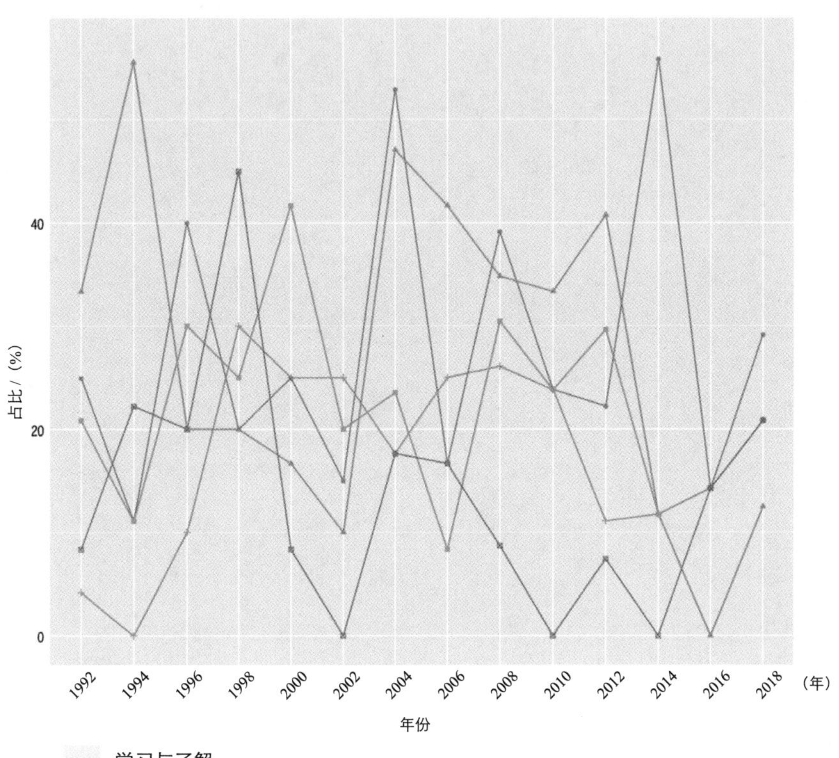

图 4.8 年代变化的编码出现频率